测量学实验实习指导

主　编　臧立娟　王民水
副主编　王凤艳　王明常　牛雪峰

图书在版编目(CIP)数据

测量学实验实习指导/臧立娟,王民水主编.—武汉:武汉大学出版社,2021.3

ISBN 978-7-307-22138-3

Ⅰ.测… Ⅱ.①臧… ②王… Ⅲ.测量学—实验 Ⅳ.P2-33

中国版本图书馆CIP数据核字(2021)第022405号

责任编辑:鲍 玲　　责任校对:李孟潇　　版式设计:韩闻锦

出版发行:**武汉大学出版社** (430072 武昌 珞珈山)

(电子邮箱:cbs22@whu.edu.cn 网址:www.wdp.com.cn)

印刷:武汉图物印刷有限公司

开本:787×1092 1/16 印张:10 字数:237千字 插页:1

版次:2021年3月第1版 2021年3月第1次印刷

ISBN 978-7-307-22138-3 定价:29.00元

前　言

《测量学实验实习指导》由吉林大学地球探测科学与技术学院测绘工程系教师编写，是武汉大学出版社2018年出版的《测量学》的配套教材，主要为了满足非测绘专业学科基础课测量学课程实验、实习教学需要，内容是基于吉林大学地学部实验、实习基地情况而编写的。

本书具体内容包括测量实验实习规章制度、实验、实习、开放性创新实验四部分，实验部分内容各专业可通用，具体包括全站仪与角度、距离测量、水准仪与高差测量、RTK技术与点位测量、图根导线测量、四等水准测量、平面点位放样及地形图应用，配合理论教学进行。实习部分是按照不同专业分别编写的，内容包括地籍测量实习、物(化)探测量实习及土木工程测量实习，实习均安排在暑期进行。开放性创新实验部分结合测绘工程实验教学中心面向地学部各专业学生开放的系列项目编写，主要内容有遥感、GIS、GNSS等技术在地学中的应用，开展交叉学科开放性实验教学。

参与本书编写工作的教师还有张旭晴、夏自进、贾俊乾、于小平、张盈、商耀达，所有教师都参与了测量学的理论教学、实验指导、实习指导，书稿最后由杨国东教授审阅。

欢迎各位同行和读者批评指正。

编者

2020年10月

目　　录

第一部分　测量实验实习规章制度

一、学生实验实习守则

(1)按教学计划要求参加实验或实习，不得申请免修。无论实验或实习，要求不迟到不早退，有事必须请假。

(2)实验实习之前，要充分做好预习，阅读教材及指导书相关内容及注意事项。

(3)进入实验室，要遵守实验室规章制度，严禁喧哗、吸烟、随地吐痰或吃零食，不得随意动用与本实验无关的仪器。

(4)实验或实习过程中，按照指导教师说明，严格遵守仪器操作规程，认真观察和分析实验现象，如实记录实验数据，独立分析实验结果，严禁抄袭和伪造实验数据。

(5)爱护仪器设备，注意安全，违反操作规程或擅自行动造成事故、损坏仪器设备者，必须写出书面检查，按规定赔偿损失。实验或实习过程中如果发生仪器故障或其他事故，立即停止操作，保持现场，报告指导教师，待查明原因排除故障后，可继续进行。

(6)实验或实习结束，将实验用品、仪器设备整理复位，清理实验场地，按小组返还仪器及工具，对于有问题仪器要与实验员说明清楚。

(7)每次实验成果必须经过指导教师审核，不合格小组要求返工。

(8)认真撰写实验报告，并按规定的时间和要求提交。实验报告中图表清晰，字迹工整，原始数据齐全，数据处理准确，讨论和分析问题简明扼要、表达清楚。

(9)缺少实验或实习学时五分之一，或者缺交实验报告五分之一，或实验实习成绩不及格者，实验、实习及所属课程必须重修。

(10)遵守资料保密和安全管理规定。

(11)在实验、实习时，注意人身安全。防止车辆、电线、荆棘、地面井口和洞口、障碍物等伤害，海边不得野浴。

(12)文明实验、实习。不得将垃圾随便丢在实验、实习场所，实习时不损害当地百姓财物。

二、仪器设备借领及损坏赔偿制度(摘录)

测绘工程实验室拥有的仪器设备属于国家财产，主要供给测绘专业和校内其他非专业学生实验、实习使用，为保证实验室仪器设备的利用率、完好率，充分发挥仪器设备的作用，因此制定了必要的借用管理制度。

(一)仪器设备借用

(1)以小组为单位，凭学生证到仪器室办理借领手续，填写登记卡。当场清点仪器和配套工具是否齐全、背带及提手是否牢固、脚架是否完好等，如有缺损，及时补领或更换。然后，锁好仪器箱，捆扎好各种工具，搬离实验室，注意轻取轻放，避免剧烈震动或碰撞。

(2)借领的仪器和工具不得擅自调换或转借，实验或实习结束后，尽快收装捆扎好，送还借领处检查验收，办理归还手续。如有遗失或损坏，应写出书面报告，并按有关规定给予赔偿。

(3)实验室所属仪器设备不得借给个人使用，有违规者，责令仪器立即返回并追究当事人责任。

(4)从实验室借出的仪器设备，有损坏、丢失者应按规定进行赔偿、维修。具体参照测绘工程基础实验室仪器设备丢失、损坏赔偿办法执行。

(二)损坏赔偿制度

(1)由主观原因造成仪器设备损坏丢失，应予赔偿。具体包括以下情形：

①违反操作规程，造成仪器设备损坏的；

②未经批准，擅自动用或拆卸仪器设备导致损坏的；

③教师及实验技术人员工作失职、指导错误、纠正不及时造成损坏的；

④使用人、保管人使用保管措施不当，造成仪器设备损坏丢失的；

⑤由于其他不遵守规章制度等主观原因造成仪器设备损坏丢失的。

(2)由客观原因造成仪器设备损坏，经过技术鉴定和有关负责人证实，可免于赔偿。具体包括以下情形：

①按照技术指导或操作规程进行操作，确因缺乏经验或技术不够熟练，初次造成仪器设备损失的；

②因操作本身的特殊性引起，确实难于避免损坏的；

③因仪器设备本身的缺陷或使用年限已久，接近损坏程度，在正常使用时发生损坏和合理自然损耗的；

④经过批准，试用稀缺仪器设备、试行新实验操作，虽然采取预防措施，仍未能避免损坏的；

⑤因工作需要进行维护、保洁、移动造成仪器设备轻微损坏的；

⑥发生事故后能积极采取措施避免或减轻损失，且事后能主动如实报告，认识态度较好的；

⑦由于其他客观原因造成意外损坏的。

(3)赔偿其他事宜：

①属责任事故造成仪器设备损坏丢失的，责任人依据损失金额按一定比例赔偿。

②仪器设备损坏丢失事故发生后，当事人及使用单位须及时上报，同时使用单位还应组织有关人员查明情况和原因，分清责任，提出处理意见，并及时进行处理。

③责任人对使用单位的责任认定和处理意见有异议时，可向学校仪器设备管理部门提出行政复议；责任人或责任单位对学校仪器设备管理部门的责任认定和处理意见有异议时，可向学校国有资产管理委员会提出行政复议。学校国有资产管理委员会的决定为最终意见。

④责任单位无支付能力的，可提交免除申请，经其主管校领导确认后，报学校仪器设备管理部门备案。数额(10 万元以上)较大的，须报校长办公会议审议。

⑤因责任事故造成仪器设备损失的，除赔偿外，还应责令当事人进行检讨，并给予适当的批评教育，以吸取教训、提高认识。情节不严重、损失价值很轻的，可免予检讨。

⑥对于一贯不爱护仪器设备、严重不负责任、严重违反操作规程的；发生事故后隐瞒不报、推诿责任、态度恶劣的；损失重大、后果严重的，除责令赔偿和批评教育外，还应根据具体情节，给予行政处分或依法追究刑事责任。

⑦损坏、丢失仪器设备的责任事故，属于几个人共同责任的，应根据个人责任大小和表现认识，分别予以适当的批评和处分。

三、仪器设备操作注意事项

(一)仪器

(1)安置好三脚架后再取出仪器，松开制动螺旋，用双手握住支架放在三脚架上，然后一手握住仪器，一手拧紧连接螺旋。严禁提前取出仪器托在手上或抱在怀里，以免不小心摔坏；严禁将仪器直接放在地面上，以免沙土对中心螺旋造成损害。

(2)取出仪器时，要看清并记住仪器在箱中的安放位置，避免用完仪器后装箱困难。取出仪器后，要合上箱盖，防止灰尘落入。另外，严禁坐在仪器箱上，防止压坏。

(3)仪器安置后，不论是否操作，必须有人看护，防止无关人员搬弄或行人、车辆碰撞。

(4)仪器使用中，强光、雨天应该撑伞，不能用望远镜直接瞄准太阳，以免伤害眼睛和电子仪器的发光二极管。

(5)目镜或物镜灰尘可用镜头纸或软毛刷轻轻拂去，严禁用手指或手帕等擦拭镜头，以免损坏镜头上的镀膜，观测结束后应及时关好镜头盖。

(6)制动螺旋应松紧适度，微动螺旋和脚螺旋不要旋到顶端，使用各种螺旋都应均匀用力，以免损伤螺纹。

(7)短距离迁站，可将仪器连同脚架一起搬迁，注意检查并旋紧仪器连接螺旋，松开制动螺旋，收拢三脚架，左手握住仪器支架放在胸前，右手抱住脚架放在腋下，稳步行走。严禁斜扛仪器，以防碰摔。远距离迁站，必须将仪器装箱后进行。

(8)仪器使用后，先关掉电源，再取下电池，然后装箱。装箱时，先松开制动螺旋，使仪器就位正确，试关箱盖，确认放妥后，再拧紧制动螺旋，然后关箱上锁。若合不上箱口，切不可强压箱盖，以防压坏仪器。

(二)工具

(1)对于电子仪器配备的手簿、数据线都要包装好携带，以免丢失和损坏。

(2)对于钢尺，防止扭曲、打结和折断，防止行人踩踏或车辆碾压，尽量避免尺身着水。携尺前进时，应将尺身提起，不得沿地面拖行，以防损坏刻划。

(3)对于皮尺，均匀用力拉伸，避免着水、车压。如果受潮，应及时晾干。

(4)对于标尺、花杆，应注意防水、防潮，防止受横向压力，不能磨损尺面刻划的漆皮，不用时安放稳妥。尺不要立放，平放不能坐。

(5)对于垂球、测钎、尺垫等小件工具，用完注意清点，防止遗失。

(6)一切测量工具都应保持清洁，不能随意放置，更不能用作其他捆扎、抬担的工具。

四、实验室安全及卫生管理制度

(1)加强用电管理，各种仪器充电后必须关闭电源，离开实验室时必须认真检查总电源是否关闭。

(2)离开实验室，门窗一定要关好，保护好钥匙。

(3)不得在实验室内吸烟。

(4)实验室内不准存放与实验无关的杂物。

(5)学生做实验时要有值日生，实验后负责卫生清扫工作。

第二部分　实　　验

实验教学大纲

一、实验课简介

“测量学”是吉林大学地球探测科学与技术学院面向地学部开设的学科基础课，课程性质为必修课，3学分，48学时，实验16学时。实验教学任务由测绘工程实验教学中心承担，根据理论课进度进行安排。实验内容包括两类：一类为验证性实验，主要是仪器使用与观测训练；一类为综合性实验，主要为控制测量、工程放样及地形图应用。实验地点为前卫校区或朝阳校区园区内。

二、教学任务、教学要求和教学目的

(一)教学任务

了解测绘仪器基本结构及组成部件，练习测绘仪器的使用方法，培养外业观测和内业处理的能力，培养地形图识图和用图的能力。

(二)教学要求

实验前，布置实验任务，说明实验目的、内容及要求，学生提前预习；实验过程中，教师和实验技术人员全程辅导，实时指出实验过程中出现的问题及注意事项；实验结束后，验收实验报告，分析存在的问题，并在课堂教学中进行总结说明。

(三)教学目的

测绘工作实践性很强，通过实验教学，验证、理解、拓展理论教学内容，同时培养学生基础实践技能，为后续实习、科研及工作打下良好基础。

三、学生应掌握的实验技术及实验能力

(1)了解水准仪、全站仪、GNSS接收机等测绘仪器的基本结构和组成部件，掌握仪器的操作方法和外业观测技术；

(2)通过验证性实验，理解角度、距离、高差、坐标测量原理，掌握外业观测、记录、计算及检核的能力；

(3)通过综合性实验，了解导线测量、水准测量、点位放样等综合测量工作的一般要求，掌握外业测量和内业处理的能力；

(4)掌握地形图上角度、距离、坐标、面积等量测方法，培养根据工程要求在地形图

上进行有关设计的能力。

四、实验项目名称、内容及学时分配

实验共8个项目，具体项目名称、训练内容、实验类型、实验学时、仪器设备及实验地点见表2-0-1。

表2-0-1　**实验项目安排**

序号	项目名称	训练内容	类型	学时	实验设备	地点
1	全站仪与角度、距离测量(一)	全站仪及配套工具的认识与使用；测回法水平角观测、记录、计算及检核	验证	2	全站仪及其配套使用的工具	学校园区
2	全站仪与角度、距离测量(二)	方向观测法水平角观测、记录、计算及检核；竖直角观测、记录、计算及检核；距离测量	验证	2	全站仪及其配套使用的工具	学校园区
3	水准仪与高差测量	水准仪及配套工具的认识与使用；高差观测、记录、计算及检核	验证	2	水准仪及其配套使用的工具	学校园区
4	RTK技术与点位测量	GNSS接收机及配套工具的认识与使用；RTK点位测量与点位放样	验证	2	GNSS接收机及其配套使用的工具	学校园区
5	图根导线测量	图根导线布设、观测及近似平差计算	综合	2	全站仪及其配套使用的工具	学校园区
6	四等水准测量	四等水准路线布设、观测及近似平差计算	综合	2	水准仪及其配套使用的工具	学校园区
7	平面点位放样	放样数据计算、实地点位放样及放样点位检查	综合	2	全站仪及其配套使用的工具	学校园区
8	地形图应用	地形图识读、图上量测及图上设计	综合	2	教学用图、铅笔、橡皮等	学校园区

五、考核要求、考核方式及成绩评定标准

为了督促学生重视实验，认真完成实验项目，提高动手能力，高质量地完成实验报告，每次实验要求学生提交实验成果，包括观测手簿、计算成果、实验报告，原始观测手簿要求规范记录，字迹清晰、划改整齐；计算成果要求字迹清晰、计算准确、填写完整；实验报告要求按照规定格式填写，字迹工整，实事求是，重点说明存在的问题、解决办法、意见与建议。

根据实验成果和实验表现综合评定成绩：

(1)能否完成实验任务；

(2)能否正确操作仪器、规范记录、准确计算；

(3)能否积极主动地与同学配合完成实验；

(4)能否遇到问题，提出自己独到理解与解决方法。

实验成绩分优、良、中、及格四个等级，若出现以下情况为不及格：

(1)没有完成实验任务；

(2)观测成果有伪造现象；

(3)随意离开课堂或不与同学配合等情况。

不及格同学自己安排时间，向实验室预约借领仪器，重新实验，直到及格。

实验成绩占课程总成绩的30%。

六、参考资料

(1)臧立娟，王凤艳．测量学[M]．武汉大学出版社，2018.

(2)吴大江，刘宗波．测绘仪器使用与检测[M]．郑州：黄河水利出版社，2013.

(3)中国有色金属工业协会．工程测量规范(GB50026—2007)[S]．北京：中国计划出版社，2008.

(4)Leica FlexLine TS02/TSO6/TS09 用户手册．

(5)iRTK 智能 RTK 系统使用说明书．

(6)NL32B 自动安平水准仪使用说明书.

实验一　全站仪与角度、距离测量

一、实验概述

(一)实验目的

全站仪是测绘工作中常用的角度测量、距离测量的仪器，为了更好地了解全站仪的几何结构、组成部件及使用方法，理解角度测量、距离测量的原理，掌握水平角测量、垂直角测量、距离测量的方法，安排两次实验课，即“全站仪与角度、距离测量(一)”(2 学时)和“全站仪与角度、距离测量(二)”(2 学时)。

(二)实验内容

(1)认识全站仪的轴系关系、组成部件及配套使用的工具；

(2)学习全站仪的操作程序及各部件使用方法；

(3)角度(水平角、垂直角)测量，包括观测、记录、计算及检核；

(4)电磁波测距。

(三)实验要求

(1)学生分组：4~5 人一组，组长 1 名。

(2)实验设备借领：每组借领一台全站仪及其脚架、配套的棱镜及其脚架。准备记录手簿(附录三表 1、表 2、表 3)和 2H 铅笔。

(3)观测要求：测回法水平角测量每人 1 测回、方向观测法水平角测量每人 1 测回、垂直角测量每人 1 测回，要求各项观测数据满足限差。距离测量练习即可。

(4)实验成果按照实验报告、观测手簿顺序装订，所有实验成果统一采用 A4 纸。观测手薄要求规范记录，字迹清晰、划改整齐、计算准确。

二、全站仪及配套工具的认识与使用

(一)全站仪轴系关系、组成部件及配套使用的工具

以徕卡 TS02 型全站仪为例说明全站仪轴系关系、组成部件及配套使用的工具，图 2-1-1展示的是该仪器的组成部件，图 2-1-2 为全站仪配套使用的工具，包括三脚架、棱镜和觇板。全站仪的轴系关系、组成部件及配套使用的工具在教材中有详细阐述，实验课中指导教师将参照具体仪器进行演示说明。

(二)全站仪的操作程序及各部件使用方法

1. 安置仪器

(1)概略安置：将三脚架的架腿伸长至合适的长度后固定，平坦地区架腿大致等长，打开合适角度，放在测站点上，架头尽量水平，中心大致对准地面点位，软质地面踩实(沿架腿方向)脚架，将全站仪放在脚架上，中心螺旋旋紧。

(2)对中整平：开机，进入【对中整平】模块，观察激光指向，移动脚架使激光指向地

面点位，转动脚螺旋，使激光精确对准地面点标志中心。观察圆水准器，伸缩脚架腿，使圆水准器的气泡居中。反复上述操作，直到激光对中且圆水准器的气泡居中。

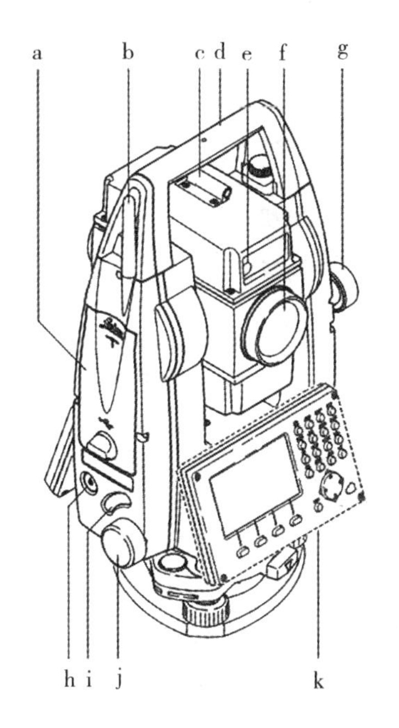

a—USB 存储卡和 USB 电缆接口槽 *
b—蓝牙天线 *
c—粗瞄器
d—装有螺钉的可分离式提把
e—电子导向光 (EGL)*
f—集成电子测距模块 (EDM) 的物镜。EDM 激光束出口
g—竖直微动螺旋
h—开关键
i—触发键
j—水平微动螺旋
k—第二面键盘 *

（* 为选配）

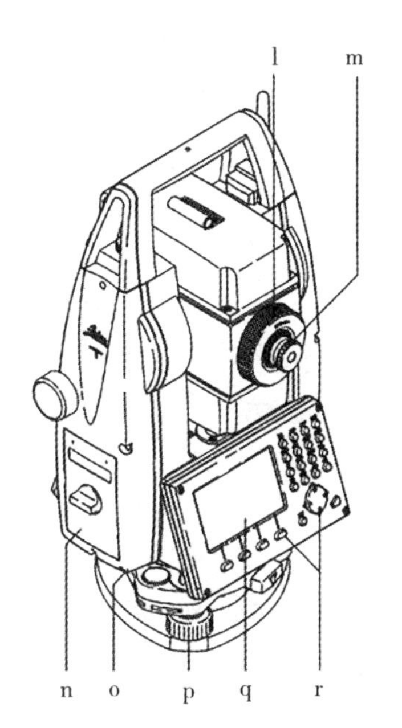

l—望远镜调焦环
m—目镜；调节十字丝
n—电池盖
o—RS232 串口
p—脚螺旋
q—显示屏幕
r—键盘

图 2-1-1 徕卡 TS02 型全站仪主要组成部件

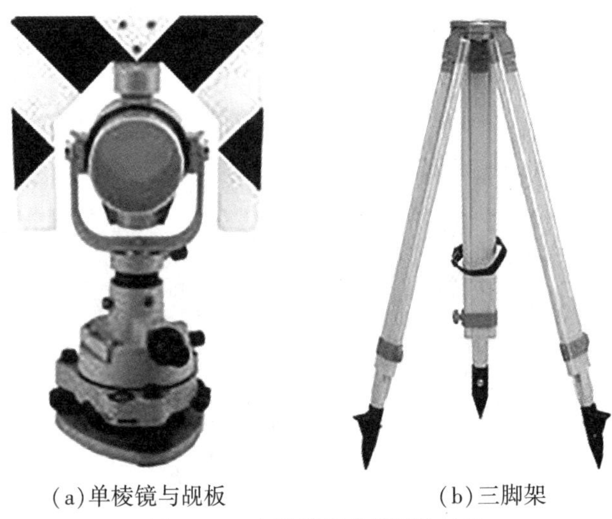

(a)单棱镜与觇板　　　　(b)三脚架

图 2-1-2　全站仪配套使用的工具

转动照准部，使长水准器平行于任意两个脚螺旋的连线，观察长水准器，如果气泡不居中，两手分别握住两个脚螺旋，作相对转动，左手大拇指运动方向与气泡居中方向一致，如图 2-1-3(a)所示，使气泡居中。然后，转动照准部，观察垂直方向上长水准器的气泡是否居中，若不居中，转动另一个脚螺旋使气泡居中，气泡移动规律相同，如图 2-1-3(b)所示，反复几次，直到互相垂直的两个方向上，长水准器的气泡都居中。

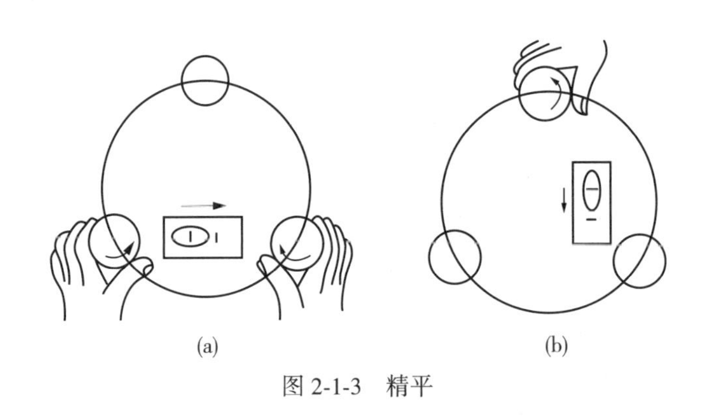

(a)　　　　(b)

图 2-1-3　精平

检查对中是否偏离，如果偏离很多，需要重新移动脚架进行对中整平，如果偏离少许，可以松开中心螺旋，在脚架架头上移动仪器对中。

2. 进行观测

进入主菜单下的【测量】模块，显示屏上显示了水平方向读数、竖盘读数和距离读数，水平角观测要进行左右旋设置和度盘配置，然后开始观测。

(1)瞄准：目镜调焦，使观测者清晰地看到十字丝分划板，如图 2-1-4(a)所示。旋转照准部，用瞄准器瞄准目标，使目标进入视场，物镜调焦，使观测者清楚地看清目标，注意消除视差。转动水平微动螺旋，使竖丝瞄准指向下方的箭头，转动竖直微动螺旋，使横丝瞄准左右指向的箭头，如图 2-1-4(b)所示。

(2)读数：对于水平角测量，读取水平方向值；对于垂直角测量，读取竖盘读数；对于距离测量，根据需要读取斜距或平距。数据可以记录在手簿上，也可以存储在仪器内存中，或者通过串口存到外接电子设备中。

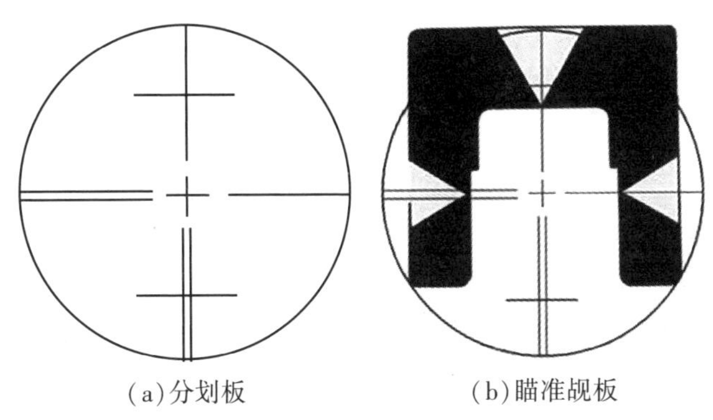

(a)分划板 (b)瞄准觇板

图 2-1-4 瞄准

三、角度测量

(一)水平角测量

1. 仪器设置

(1)左右旋：左旋(HL)，水平度盘逆时针读数增加；右旋(HR)，水平度盘顺时针读数增加，一般设置右旋。具体操作：【主菜单】→【测量】→回车键→【F4】(下一页)→【F4】(下一页)→【F3】(左右旋切换)→回车键。

(2)水平度盘零方向读数配置：若观测 n 个测回，第 i 测回零方向度盘配置为 $180°(i-1)/n$。具体操作：【主菜单】→【测量】→回车键→瞄准零方向→【F4】(下一页)→【F4】(下一页)→【F2】(设置 H_Z)→【F1】(置零或其他读数)→【F4】(确定)。

2. 测回法水平角测量

(1)安置观测目标：将觇板安置在基座上，再整体安置在脚架上，然后目标点对中整平。使用光学对中器对中，目镜调焦能够清晰地看见分划板，物镜调焦能够清晰地看见地面，对中整平方法与全站仪相同，注意对中整平后，转动觇板，使其面对测站。

(2)观测与记录：如图 2-1-5，仪器安置在测站点 O 上，盘左位置用十字丝竖丝瞄准 A 目标，设置零方向度盘读数，并记录 a_1(注意置零后读数不一定是零)；顺时针转动照准部，瞄准 B 目标，记录 b_1，上半测回观测结束。倒转望远镜，盘右位置，顺时针转动照准部，瞄准 B 目标，记录 b_2；然后，逆时针转动照准部，瞄准 A 目标，记录 a_2，一测回观测结束。观测手簿记录格式见表 2-1-1，实验用手簿见附录三表 1。

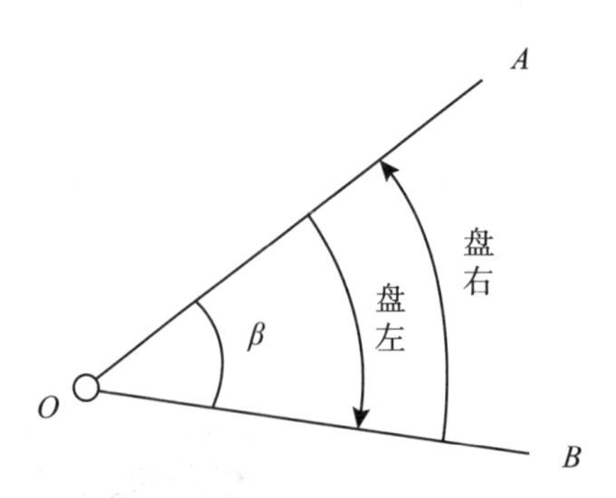

图 2-1-5　测回法水平角测量

表 2-1-1　　**测回法水平角测量手簿**

测站	测回	盘位	目标	水平度盘读数	半测回水平角	一测回水平角	水平角平均值
				° ′ ″	° ′ ″	° ′ ″	° ′ ″
O	1	左	A	a_1	$\beta_{左}$	β	$\bar{\beta}$
			B	b_1			
		右	A	a_2	$\beta_{右}$		
			B	b_2			
	2	左	A				
			B				
		右	A				
			B				

(3)计算与检核：

①半测回水平角：

$$\begin{cases}\beta_{左} = b_1 - a_1 \\ \beta_{右} = b_2 - a_2\end{cases}$$

检查半测回水平角观测值互差是否超限(2 秒仪器，限差 18″)，若超限，重测；若不超限，计算一测回水平角。

②一测回水平角：

$$\beta = \frac{1}{2}(\beta_{左} + \beta_{右})$$

如果观测多个测回，检查各测回水平角互差是否超限(2 秒仪器，限差 12″)，若不超限，计算各测回水平角平均值。

③各测回水平角平均值：

$$\bar{\beta} = \frac{1}{n}\sum \beta_i$$

式中，β_i 为第 i 测回水平角，n 为测回数。

3. 方向观测法水平角测量

(1)观测与记录：如图 2-1-6 所示，选择零方向(A)，盘左位置，用十字丝竖丝瞄准 A，配置度盘，并记录 a_1。顺时针转动照准部，分别瞄准 B、C、D、A 目标，记录 b_1、c_1、d_1、a'_1。检查上半测回归零差(2 秒仪器，限差 12″)是否超限，若超限，重测，若不超限，上半测回观测结束。倒转望远镜，盘右位置，顺时针转动照准部，瞄准 A 目标，记录 a'_2；逆时针转动照准部，分别瞄准 D、C、B、A 目标，记录 d_2、c_2、b_2、a'_2。检查下半测回归零差是否超限，若超限，重测，若不超限，一测回观测结束。观测手簿记录格式见表 2-1-2，实验用手簿见附录三表 2。

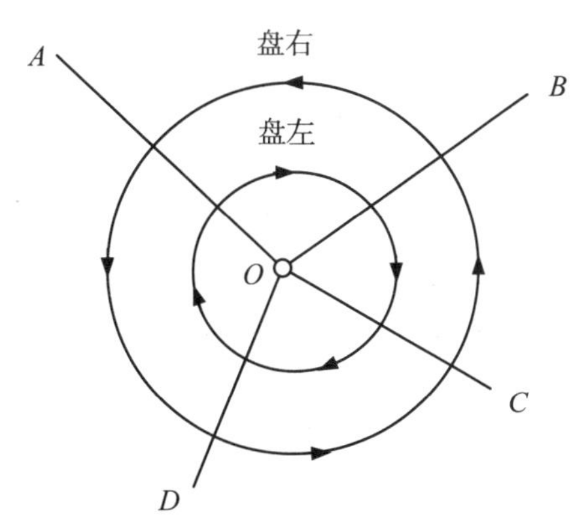

图 2-1-6 方向观测法测量水平角

表 2-1-2 **方向观测法水平角测量手簿**

测站	测回	目标	水平度盘读数		2C	盘左盘右平均方向值	归零方向值	归零方向值平均值
			盘左	盘右				
			° ′ ″	° ′ ″	″	° ′ ″	° ′ ″	° ′ ″
						$\bar{a}$		
O	1	A	a_1	a_2	$2C_a$	a	0 00 00	0 00 00
		B	b_1	b_2	$2C_b$	b	L_b	$\bar{L}_b$
		C	c_1	c_2	$2C_c$	c	L_c	$\bar{L}_c$
		D	d_1	d_2	$2C_d$	d	L_d	$\bar{L}_d$
		A	a'_1	a'_2	$2C_a$	a'		
	2	A						
		B						
		C						
		D						
		A						

(2)计算与检核：

①各方向 $2C$ 值(以 A 方向为例)：

$$2C_a = a_1 - (a_2 \pm 180°)$$

检查 $2C$ 互差是否超限(2 秒仪器，限差18″)，若超限，重测，若不超限，进行测站记录计算。

②各方向盘左、盘右平均方向值(以 A 方向为例)：

$$\begin{cases} a = \dfrac{1}{2}[a_1 + (a_2 \pm 180°)] \\ a' = \dfrac{1}{2}[a'_1 + (a'_2 \pm 180°)] \end{cases}$$

③零方向(A)平均方向值：

$$\bar{a} = \frac{1}{2}(a + a')$$

④各个方向归零方向值(以 B 方向为例)：

$$L_b = b - \bar{a}$$

检查各测回同一方向归零方向值互差是否超限(2 秒仪器，限差 12″)，若不超限，计算各测回归零方向值平均值。

⑤各测回归零方向值平均值(以 B 方向为例)：

$$\bar{L}_b = \frac{1}{n}\sum L_{b_i}$$

式中，L_{b_i} 为 B 方向第 i 测回归零方向值，n 为测回数。

(二)垂直角测量

(1)观测与记录：盘左位置，用十字丝横丝瞄准 A 目标，记录竖盘读数 L；倒转望远镜，盘右位置，顺时针转动照准部，瞄准 A 目标，记录竖盘读数 R。观测手簿记录格式见表 2-1-3，实验用手簿见附录三表 3。

表 2-1-3　**垂直角测量手簿**

测站	目标	测回	盘位	竖盘读数	半测回垂直角	一测回垂直角	垂直角平均值
				° ′ ″	° ′ ″	° ′ ″	° ′ ″
B	A	1	左	L	α_L	α_1	$\bar{\alpha}$
			右	R	α_R		
	A	2	左			α_2	
			右				

(2)计算与检核：

①半测回垂直角：若竖盘注记顺时针增大，则

$$\begin{cases} \alpha_L = 90° - L \\ \alpha_R = R - 270° \end{cases}$$

检查半测回垂直角互差是否超限(限差30″)，若超限，重测；若不超限，计算一测回垂直角。

②一测回垂直角：

$$\alpha_1 = \frac{1}{2}(\alpha_L + \alpha_R)$$

若各测回垂直角不超限，取平均值。

$$\bar{\alpha} = \frac{1}{n}\sum \alpha_i$$

式中，α_i 为第 i 测回观测值，n 为测回数。

四、电磁波测距

用十字丝中心瞄准目标棱镜中心，按下测距键便可测出测站点到目标点距离，根据需要选择斜距或平距。

五、注意事项

(1)实验之前，电池充满电。

(2)关闭电源时，应确认仪器处于主菜单模式。

(3)仪器测距时，眼睛要离开目镜，以防激光伤眼。

(4)当仪器出现“测距信息弱”，无法测距的情况，调整一下仪器高或目标高。

(5)当仪器出现“垂直角过零”，将望远镜绕横轴转一周，即可恢复正常。

(6)方向观测法，选择远近适中的目标作为零方向，一测回内，尽量不调焦。

(7)观测者不可以骑脚架腿观测，观测时不要按扶仪器。

实验二　水准仪与高差测量

一、实验概述

（一）实验目的

水准仪是测绘工作中常用的测量高差的仪器，为了更好地了解水准仪的结构、组成部件及使用方法，理解水准测量原理，掌握水准测量方法，故而安排一次实验课，即“水准仪与高差测量”（2学时）。

（二）实验内容

（1）认识水准仪的轴系关系、组成部件及配套使用的工具；

（2）学习水准仪的操作程序及各部件使用方法；

（3）高差测量读数、记录、计算及检核。

（三）实验要求

（1）学生分组：4~5人一组，组长1名。

（2）实验设备借领：每组借领一台水准仪及配套脚架、一对普通水准尺、一对尺垫。准备记录手簿（附录三表4）和2H铅笔。

（3）观测要求：水准测量每人1站，每组组成一条闭合路线，各项测量满足限差要求。

（4）实验成果按照实验报告、观测手簿顺序装订，所有实验成果统一采用A4纸。观测手薄要求规范记录，字迹清晰、划改整齐、计算准确。

二、水准仪及配套工具的认识与使用

（一）认识水准仪轴系关系、组成部件及配套使用工具

以南方NL32A型自动安平水准仪为例来说明水准仪轴系关系、组成部件及配套使用的工具，图2-2-1展示的是该仪器的组成部件，图2-2-2为水准仪配套使用的工具，除脚架外，还有水准尺和尺垫。水准仪的轴系关系、组成部件及配套使用的工具在教材中有详细阐述，在实验课中，指导教师将参照具体仪器进行演示说明。

（二）水准仪的操作程序及各部件使用方法

1. 安置仪器

（1）概略安置：在待测高差的两点之间，距前后视距离大致相等的位置（可以步量），安置三脚架（方法同全站仪脚架），将水准仪放在脚架上，中心螺旋旋紧。

（2）整平仪器：观察圆水准器气泡偏移情况，如果不居中，双手握住其中两个脚螺旋，作相对运动，并使左手大拇指运动方向与气泡居中方向一致，如图2-2-3（a）所示；当气泡移动到两螺旋连线的垂直平分线附近，用第三个脚螺旋使气泡居中，气泡移动规律相同，如图2-2-3（b）所示。反复操作，直到气泡完全居中。一般自动安平补偿范围为±15′，仪器粗平需要满足补偿范围的要求。

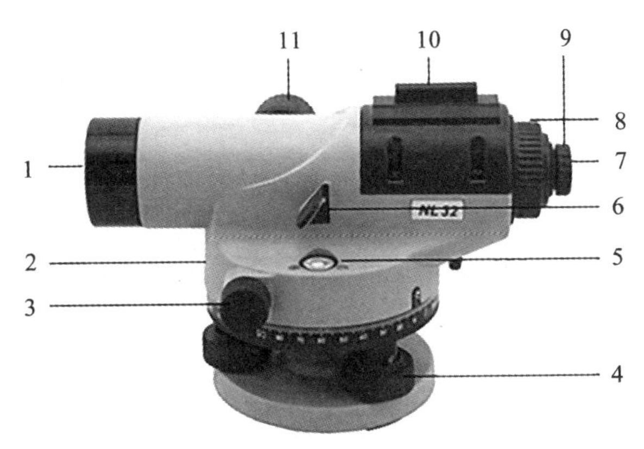

1—物镜；2—支架；3—微动螺旋；4—脚螺旋；5—圆水准器；6—圆水准器反光镜；7—目镜；8—十字丝分划板盖；9—目镜调焦螺旋；10—瞄准器；11—物镜调焦螺旋

图 2-2-1 南方 NL32A 型自动安平水准仪主要组成部件

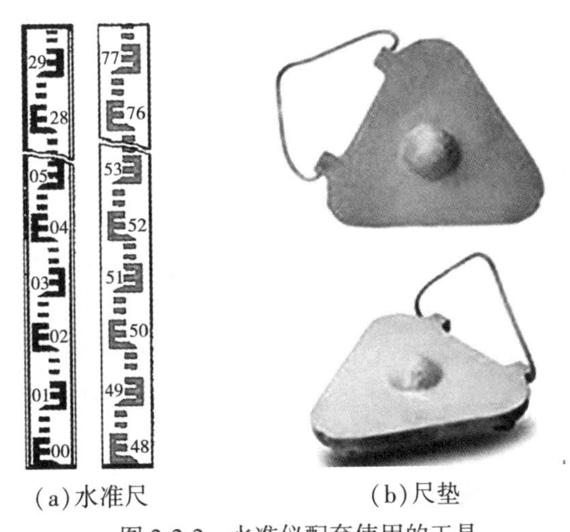

(a)水准尺 (b)尺垫

图 2-2-2 水准仪配套使用的工具

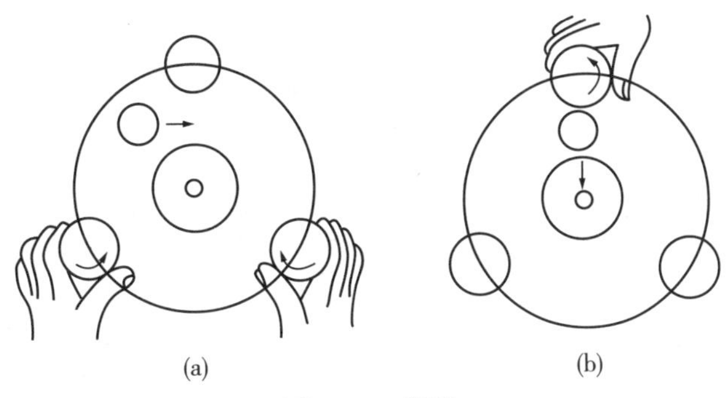

(a) (b)

图 2-2-3 粗平

2. 进行观测

(1)瞄准：目镜调焦，使观测者清晰地看清十字丝分划板，转动望远镜，用瞄准器瞄准目标，使目标进入视场。物镜调焦，使观测者清楚地看清目标，注意消除视差。转动水平微动螺旋，用十字丝精确瞄准目标，尽量使十字丝竖丝瞄准水准尺中间部位。注意水准尺是否有倾斜，并提示扶尺员将水准尺扶正。

（2）读数：用分划板上的视距丝读数来计算前后视距离，用分划板上长横丝读数来计算高差。四位读数，不带小数点，直接读取米（注记）、分米（注记）、厘米（分划），毫米估读。如图 2-2-4 所示，瞄准同一点，黑面读数 2000，红面读数 6687，水准尺黑、红面零点差用以检核读数。

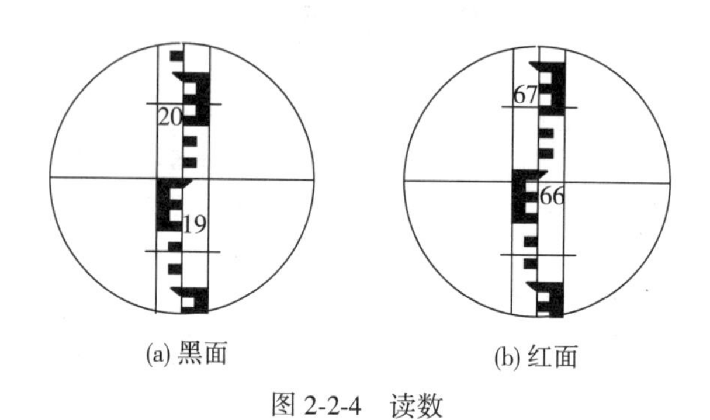

(a) 黑面　　(b) 红面

图 2-2-4　读数

三、高差测量

（一）观测与记录

（1）立尺：从已知点开始，已知点不放尺垫，选定前尺位置，放尺垫并踩实。在前视、后视点上立水准尺，水准尺上安装水准器，当气泡居中时水准尺扶直。

（2）观测与记录：瞄准后尺黑面，上丝、下丝读数分别为 $m_{后}$、$n_{后}$，中丝读数为 $a_{黑}$，瞄准前尺黑面，上丝、下丝读数分别为 $m_{前}$、$n_{前}$，中丝读数为 $b_{黑}$；然后，瞄准前尺红面，读数为 $b_{红}$，瞄准后尺红面，读数为 $a_{红}$。观测手簿记录格式见表 2-2-1，实验用手簿见附录二表 4。

表 2-2-1　**水准测量手簿**

测站	目标	视距测量			高差测量		高差计算		
		上丝读数	下丝读数	视距（m）	黑面读数	红面读数	黑面高差（m）	红面高差（m）	平均高差（m）
1	A	$m_{后}$	$n_{后}$	$d_{后}$	$a_{黑}$	$a_{红}$	$h_{黑}$	$h_{红}$	h
	B	$m_{前}$	$n_{前}$	$d_{前}$	$b_{黑}$	$b_{红}$			
2	B								
	C								

（二）计算与检核

（1）计算后、前视距离：

$$\begin{cases} d_{后} = 100(m_{后} - n_{后}) \\ d_{前} = 100(m_{前} - n_{前}) \end{cases}$$

要求前后视距差不超限（限差 5m）。

（2）计算高差：

$$\begin{cases} h_{黑} = a_{黑} - b_{黑} \\ h_{红} = a_{红} - b_{红} \end{cases}$$

若高差之差不超限（限差 5mm），取平均值：

$$h = \frac{1}{2}[h_{黑} + (h_{红} \pm 0.1)]$$

（3）路线闭合差计算：

$$f_h = \sum_{1}^{n} h_i$$

式中，n 为测站数，h_i 为各测站观测高差。要求闭合差不超限（限差为 $30\sqrt{L}$ mm，L 为路线长度，单位为 km）。

四、注意事项

（1）使用成对水准尺；

（2）注意水准尺不要立倒，零点在下面；

（3）测量中随时检查尺底或尺垫是否粘有泥土；

（4）水准尺要立直，可以采用摇尺法，读取最小读数；

（5）除路线拐弯处，尽量使仪器与前尺、后尺在一条直线上；

（6）已知点与待测点不放尺垫，转点放尺垫，尺垫要踩实，水准尺放在尺垫凸起上；

（7）搬站时前尺不要动，作为下站后尺；

（8）每测站观测结束，计算检核合格之后，再搬站，避免线路中断及返工；

（9）瞄准目标要消除视差，注意上、中、下丝不要读错、记错。

实验三　RTK 技术与点位测量

一、实验概述

(一)实验目的

RTK 技术是一种常用测量手段，广泛应用于各个领域。为了理解 RTK 测量的原理，掌握 RTK 点位测量方法，故而安排一次实验课，即“RTK 技术与点位测量”(2 学时)。

(二)实验内容

(1)GNSS 接收机及配套工具的认识与使用；

(2)RTK 点位测量与点位放样。

(三)实验要求

(1)学生分组：4~5 人一组，组长 1 名。

(2)实验设备借领：根据分组确定领取 GNSS 接收机和对中杆数量(数量为 $1+N$，其中 1 代表基准站，N 代表移动站，移动站每组 1 套)，通用三脚架 1 个，控制点坐标、铅笔、草图纸。

(3)观测要求：实验公用一个基准站，学习基准站设置方法；每人学习移动站设置并测量 10 个点位。

(4)实验成果按照实验报告、原始测量数据文件(.csv 格式)、点位分布图(.dwg 格式)顺序装订，所有实验成果用纸统一采用 A4 纸。

二、GNSS 接收机及配套工具的认识与使用

教师演示说明 GNSS 接收机各个组成部件及其功能，以中海达 IRTK2 型 GNSS 接收机为例，说明 GNSS 接收机及配套工具的组成与使用方法。

如图 2-3-1 所示，GNSS 接收机控制面板上有三个显示灯和一个功能键，即卫星灯(绿灯)、电源灯(红绿双色灯)、信号灯(红绿双色灯)和电源开关键(开机、关机、主板复位等)。

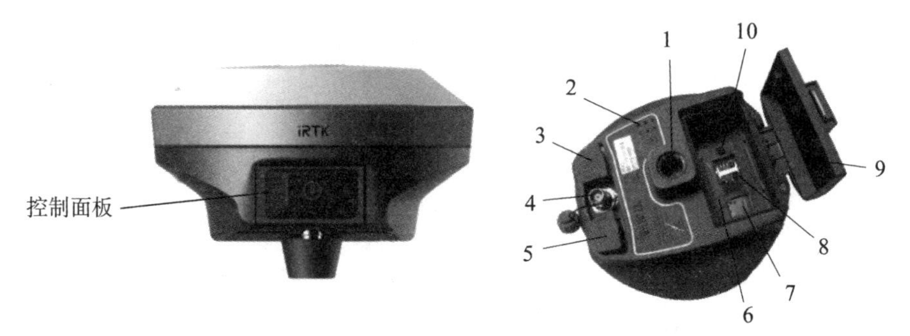

1—连接螺孔；2—喇叭；3—USB 接口及防护塞；4—GPRS/电台/天线接口；5—五芯插座及防护塞
6—电池仓；7—SD 卡槽；8—SIM 卡槽；9—电池盖；10—弹针电源座

图 2-3-1　中海达 IRTK2 GNSS 接收机

中海达 IRTK2 型 GNSS 接收机配套工具包括三脚架(图 2-3-2(a))、对中杆(图 2-3-2(b))、手簿、天线、量高片等，使用方法由教师指导。

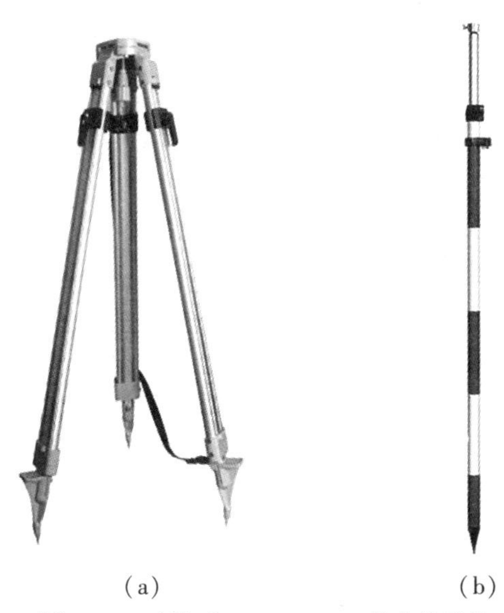

(a) (b)

图 2-3-2 中海达 IRTK2 GNSS 接收机配件

接收机配备 UHF 电台天线和 3G/GPRS 网络天线两种，根据工作模式的不同，选择相应的天线。当使用“UHF 基准站”/“UHF 移动台”模式时，选择 UHF 电台天线，当使用“GSM 基准站”/“GSM 移动台”模式时，选择 3G/GPRS 天线，如图 2-3-3 所示。设置电台时需要用到电台频率，频率参数见表 2-3-1。

(a)3G/GPRS 天线 (b)UHF 天线

图 2-3-3 GNSS 接收机天线

表 2-3-1　**UH-T35 无线数据电台可编程频道默认频率表**

频道	频率(MHz)	频道	频率(MHz)
0	466.825	8	466.625
1	463.125	9	463.325
2	464.125	A	464.325
3	465.125	B	465.325
4	466.125	C	466.325
5	463.625	D	463.825
6	464.625	E	464.825
7	465.625	F	465.825

当已知点设基准站需要用到量高片，如图 2-3-4 所示，量高片安置如图 2-3-5 所示。在手簿中输入时只需要将量高方式设置为量高片，量高方式有直高、斜高、杆高三种方式，一般量斜高。

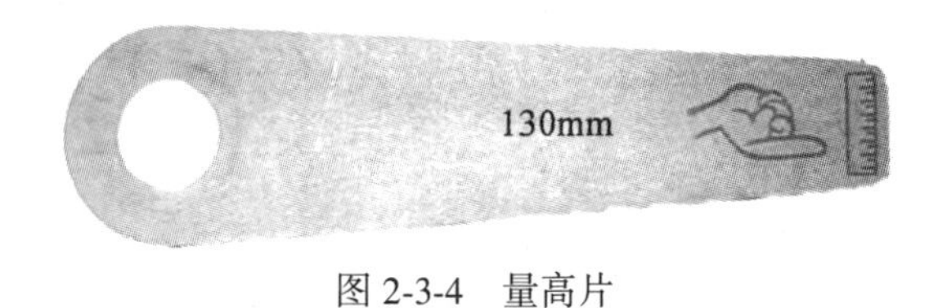

图 2-3-4　量高片

图 2-3-5　量高片使用

三、RTK 使用与点位测量

RTK(Real Time Kinematie)是实时动态定位技术，又叫载波相位差分技术，作业时需要将一台 GNSS 接收机安置在基准站(参考站)上进行观测，基准站将已知的测站精密坐标和接收到的卫星信息直接或经过处理后实时发送给流动站接收机(待定点)，流动站接收机在进行 GNSS 观测的同时，也接收到基准站的信息，经过对结果进行改正，从而提高定位精度。

（一）RTK 测量的主要步骤

1. 设备连接

手簿与接收机开机后，打开 GNSS 手簿的 Hi-survey road 软件，将手簿与接收机的 NFC 位置进行接触，使用 NFC 闪联功能，设备会自动连接。

2. 仪器设置

GNSS 接收机支持内置网络、内置电台、外挂电台三种数据链连接方式，同时支持 CORS 网络模式。当数据链采用内置网络、内置电台、外挂电台时，至少需要 2 台接收机，其中一台作为基准站，另一台作为移动站。基准站架设可选择已知点架站和未知点架站两种方式，本实验在已知点上架设基准站，采用内置网络 1+N 模式为例讲解实验内容。所有设置在 GNSS 手簿 Hi-survey road 软件中进行。

（1）新建项目：一般以当天日期命名，选择数据显示模板为 CASS，设置坐标系和投影。

（2）基准站架设及设置：基准站架设包括仪器安置、对中、整平、开关机、参数设置、观测等步骤。具体为：把仪器安置于已知点上，对中整平，打开 GNSS 接收机，GNSS 接收机开始自动初始化和搜索卫星，当卫星数和卫星质量达到要求后（大约 1 分钟），GNSS 接收机上的指示灯开始每 1 秒闪一次，手簿使用 NFC 与基准站相连接，整个基准站部分开始正常工作。进入 GNSS 手簿 Hi-survey road 软件，点击【设备】→【基准站】→【已知点设站】→输入基准站点名、目标高、坐标（NEZ 格式）→数据链选择【内置网络】→服务器选择【ZHD】→选择中海达服务器 IP 和端口号→分组类型选择【基准站机身号】→【设置】，基准站设置结束。

（3）移动站设置：

①手簿使用 NFC 连接移动站；

②设置数据链为手簿差分、服务器选择为 ZHD；

③选择中海达服务器 IP 和端口号（必须与基准站设置一致）；

④分组类型选择为基准站机身号（SN）并输入；

⑤点击右上角“设置”；

⑥仪器设置完成，可以进行 RTK 放样或测量工作。

3. 实地 RTK 放样

选择 RTK 手簿中的点位放样功能，从预先导入的设计点坐标文件中选择待放样测线点的坐标，仪器会计算出 RTK 流动站当前位置和目标位置的坐标差值（ΔX、ΔY），并提示方向，按提示前进方向，达到目标点附近时，屏幕会出现一个圆圈，指示放样点和目标点的接近程度。精确移动流动站，使得 ΔX 和 ΔY 小于放样精度（5cm）要求时，钉下木桩，并在木桩上放样出准确位置并钉上小铁钉。

4. RTK 测量与数据导出

将对中杆重新立于木桩上，选择碎部测量，当仪器显示固定解后，测量坐标。依此方法完成测线上所有测点的放样与测量工作后，将测量的各测点的坐标导出，注意导出时选择 Excel 的 . csv 格式。该导出坐标一是可以作为后续评定点位放样精度使用，二是整理后作为成果提交。

(二)中海达 IRTK2 GNSS 接收机使用方法

1. 坐标点导入

将坐标数据(见表 2-3-1)整理拷贝到手簿内存里，坐标数据保存格式选择 .csv 格式，用 USB 线连接手簿，连接方式选择【文件传输】(图 2-3-6)，将坐标数据拷贝到手簿内存/ZHD/OUT 中。

表 2-3-1　　坐标数据

点号	N(m)	E(m)
1	##03425. 792	##6829. 130
2	##03457. 606	##6853. 350
3	##03473. 578	##6865. 454
4	##03440. 666	##6840. 555
5	##03409. 922	##6816. 942
6	##03394. 019	##6804. 813
7	##03378. 088	##6792. 678
8	##03362. 207	##6780. 590

图 2-3-6　USB 连接

2. RTK 模式手簿 Hi-survey road 软件操作

(1)新建项目：

点击【项目】→【项目信息】，如图 2-3-7 所示，输入项目名称，通常以当日日期命名，如图 2-3-8 所示，然后点击屏幕右上角【确定】按钮，则跳转到显示模板选择界面，选择【CASS】后，自动跳转到【项目】界面，点击【坐标系统】，进行投影与基准面设置。

图 2-3-7　项目信息图

图 2-3-8　新建项目

(2)投影与基准面设置：

进入【坐标系统】后显示投影与中央子午线，如图 2-3-9 所示，【投影】选择【高斯三度带】，点击中央子午线一栏右侧按钮，可以自动获取中央经线；之后点击上方【基准面】，如图 2-3-10 所示，进行基准面设置，设置【源椭球】为“WGS84”(默认不需要改动)，【目标椭球】为国家 2000(CGCS2000)，点击下方的【保存】，设置完毕。

图 2-3-9　投影设置图

图 2-3-10　基准面设置

在不设置高程基准时默认高程为大地高。当高程使用正常高时，需要设置高程基准，首先在固定解状态下利用【测量】→【碎部测量】采集参与解算的已知点坐标，然后点击主界面的【参数计算】(图 2-3-7)，页面会跳转至图 2-3-11(a)，选择计算类型为【高程拟合】，进入如图 2-3-11(b)所示界面；选择高程拟合方式为【固定差改正】，进入如图 2-3-11(c)所示；点击图 2-3-11(a)左下方的【添加】按钮，跳转至点对坐标信息界面，如图 2-3-11(d)、图 2-3-11(e)所示，【源点】选择【碎部测量】采集的点，【目标点】直接输入对应位置提供的已知点坐标(NEZ)，点击右上角【保存】(源点和目标点位置必须一一对应)，同理输入其他参与计算的点，并点击右上方【保存】，点击图 2-3-11(a)右下角的【计算】，跳转至如图 2-3-11(f)所示界面，点击【应用】，设置完毕。

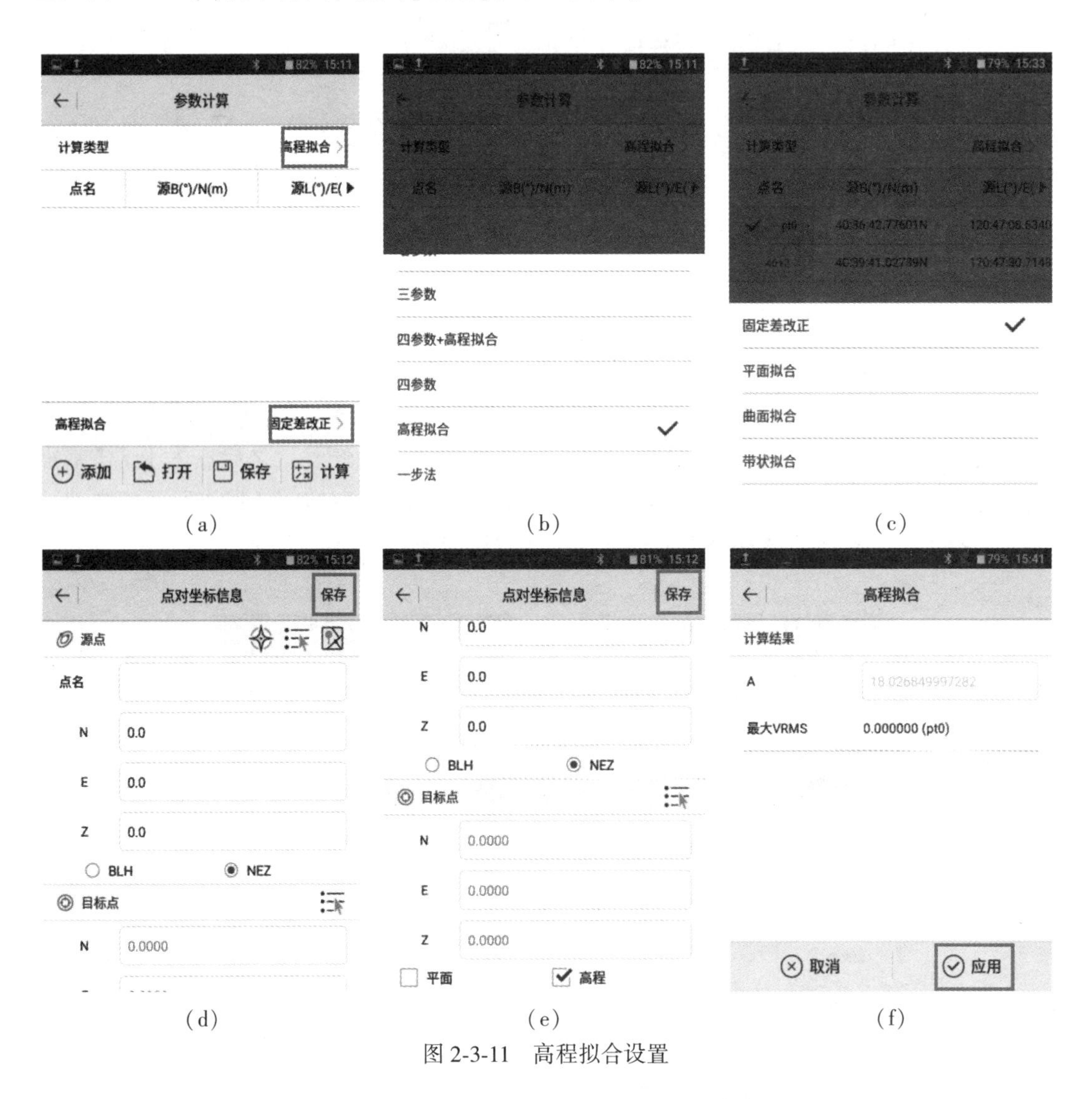

(a) (b) (c)

(d) (e) (f)

图 2-3-11　高程拟合设置

(3)手簿连接基准站并设置：

在主菜单下，点击【设备】→【基准站】，即可进入基准站设置界面。选择【已知点设站】，输入点名、目标高，点击目标高右侧按钮(图 2-3-12(a))，进一步选择【目标高量取类型】(杆高、直高、斜高)，【天线类型】为默认的[iRTK2-2]GNSS Antenna(图 2-3-12

(b)),通常选择量取斜高(需要安装量高片,量取点位至量高片最远端的斜距),然后返回上一界面,如图 2-3-12(c)所示,输入基准站坐标(NEZ),电文格式(RTCM(3.2))和截止高度角(15°)均为默认,选择数据链为【内置网络】,服务器为【ZHD】,点击服务器右侧【选择】按钮,选择任一服务器,自动跳转到上一界面,自动显示刚才选择的服务器 IP 和端口号。最后,设置分组类型为【基准站机身号】,点击右上角【设置】,如图 2-3-12(d)所示,完成基准站设置。

(a) (b) (c) (d)

图 2-3-12 基准站设置

(4)手簿连接移动站及设置:

手簿使用 NFC 连接移动站。在主菜单下,点击【设备】→【移动站】,如图 2-3-13(a)

所示，即可进入移动站设置界面。如图 2-3-13(b)所示，截止高度角默认为 15°，选择数据链为【手簿差分】，服务器选择为【ZHD】。点击右侧的【选择】按钮，选择与基准站一致的 IP 和端口号。同时，设置分组类型为【基准站机身号】，并输入基准站 S/N 号。最后，点击右上角【设置】，完成移动站设置。

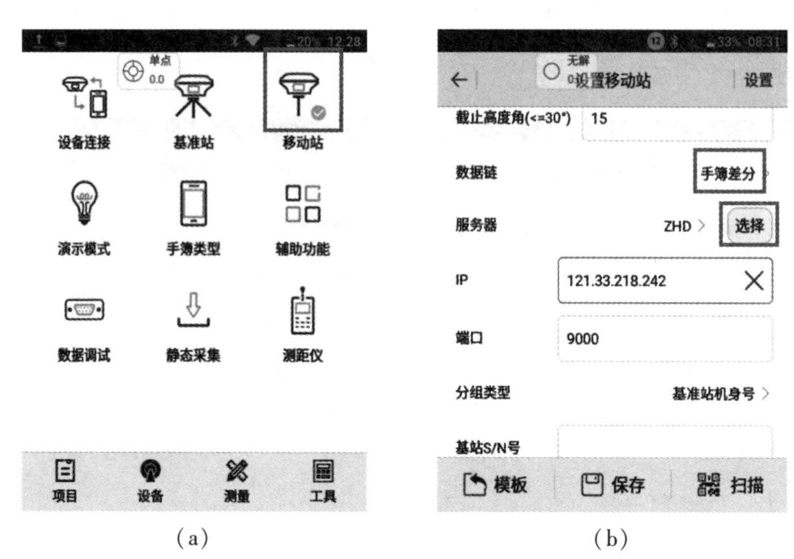

(a) (b)

图 2-3-13 移动站设置

(5)坐标点导入工程项目：

在主菜单下，点击【项目】→【数据交换】，如图 2-3-14 所示，选择【坐标点】(以放样点为例)，点击【导入】，如图 2-3-15 所示，【文件目录】选择第 1 步上传放样文件的存储路径，选择放样点 .csv 格式文件，点击【确定】。

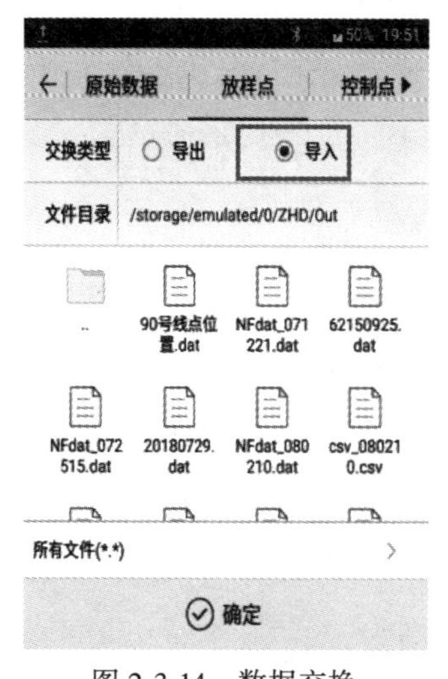

图 2-3-14 数据交换

图 2-3-15 放样点导入

出现自定义格式设置界面，自定义导入的内容需要根据导入文件的内容，按顺序依次选择放样点字段，如图 2-3-16 所示，即可导入到当前项目中，最后放样点界面出现“数据导入成功”，如图 2-3-17 所示。

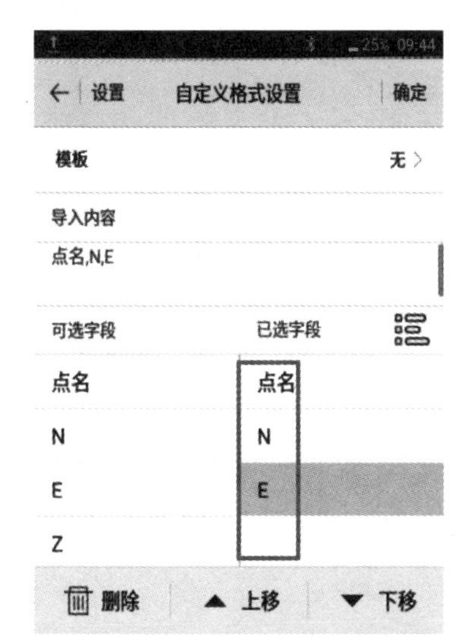

图 2-3-16 导入数据的自定义格式设置

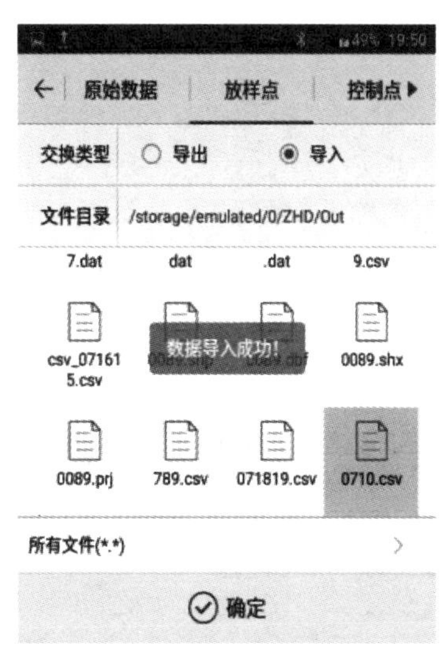

图 2-3-17 导入放样点数据成功

(6)点放样：

在主菜单下，点击下方的【测量】→【点放样】(图 2-3-18(a))，进入点放样界面。在【点放样】界面，点击屏幕右侧的箭头图标(图 2-3-18(b))，则跳转至【选择放样点】界面，点击【详细】最右侧箭头图标(图 2-3-18(c))，跳转至坐标点库界面，选择上方的【放样点】，屏幕上则显示导入的【放样点】列表，点击待放样点名(图 2-3-18(d))，自动跳转到该点的详细信息界面(图 2-3-18(e))，再点击右上方【确定】，返回至放样界面。仪器会计算出 RTK 流动站当前位置和目标位置的坐标差值(ΔX，ΔY)，并提示方向(图 2-3-18(f))，按提示方向前进，达到目标点附近时，屏幕会出现一个圆圈，指示放样点和目标点的接近程度。精确移动流动站，在 ΔX 和 ΔY 小于放样精度要求(5cm)时，钉下木桩，并在木桩及附近树上系上标有测线点号的红布条，便于寻找测点位置。

(7)点位测量：

退出放样模式，选择【碎部测量】(图 2-3-19(a))，进入【碎部测量】主界面(图 2-3-19(b))，点击左上角【文本】，跳转到编辑点名和目标高界面，输入点名、目标高(即对中杆杆高 P)，如图 2-3-19(c)所示，将仪器置于刚放样的测点木桩上，仪器显示固定解后，气泡居中，进行测量。如要查看测量点的坐标，可返回到主菜单，选择【项目】→【坐标数据】，即可查看。

依此法完成测线所有测点的放样与测量工作。

(8)数据导出：

在主菜单下，选择【项目】→【数据交换】→【导出】→导出文件类型选择【Excel 文件 .csv】→输入导出文件名→【确定】，自动保存到手簿内存/ZHD/OUT 中，如图 2-3-20、2-3-21 所示，再通过蓝牙或数据线传到电脑中。至此，手簿操作完毕。

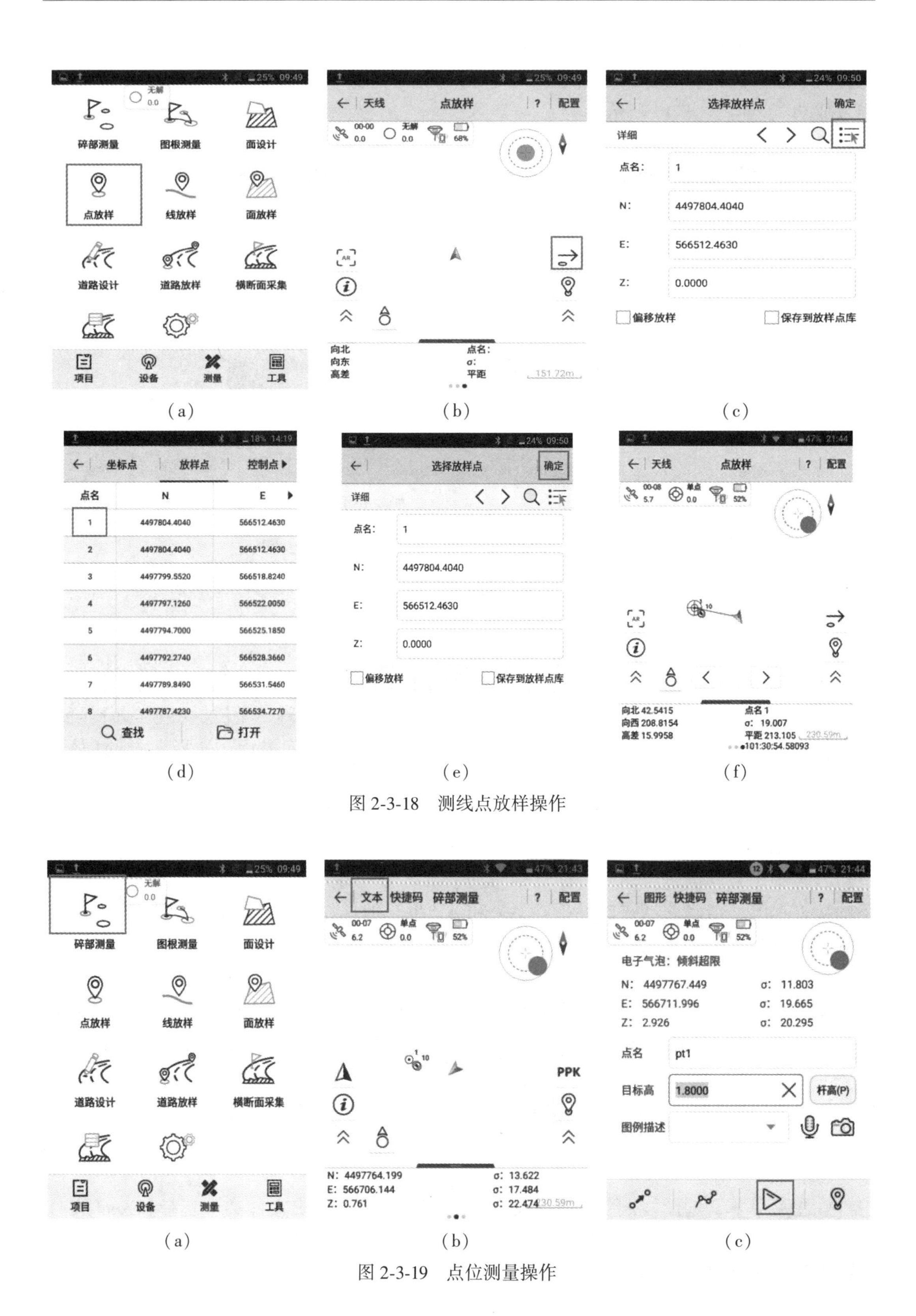

图 2-3-18 测线点放样操作

图 2-3-19 点位测量操作

图 2-3-20 数据交换

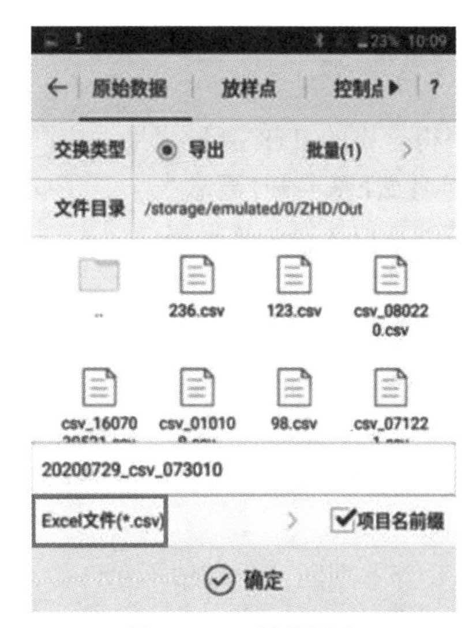

图 2-3-21 数据导出

GNSS 接收机除了支持内置网络外，还支持内置电台、外挂电台数据链的连接方式。

当采用内置电台模式设置基准站和移动站时，其设置方法与内置网络模式大体一致(参考内置网络模式设置步骤)，区别在【基准站】和【移动站】设置界面，数据链需要设置【内置电台】，如图 2-3-22 所示，设置【频道】和【空中波特率】(一般频道为 1，空中波特率为 9600)，之后点击右上角【设置】，点击屏幕左上方的箭头，回到 Hi-survey road 软件主界面。在移动站设置界面，将数据链设置为【内置电台】，【频道】和【波特率】与基准站一致。如图 2-3-23 所示，点击右上角【设置】，在等待固定解后即可进行放样和碎部测量操作。外挂电台和内置电台设置一致，只是外挂电台信号覆盖更远，由于外挂电台需要外接电源和安装外置电台天线，因此在测量实验中外挂电台模式不常用，故不做单独介绍。

图 2-3-22 基准站设置

图 2-3-23 移动站设置

四、注意事项

为了获得合格的 RTK 测量成果，应严格按照规范要求执行。

(一)参考站(基准站)要求

参考站的点位选择必须严格。因为每次卫星信号失锁参考站接收机将会影响网络内所有流动站的正常工作。

(1)周围应视野开阔，截止高度角应超过 15°，确保周围无信号反射物(大面积水域、大型建筑物等)，以减少多路径干扰。并尽量避开交通要道，减少过往行人的干扰。

(2)参考站应尽量设置于相对制高点上，以方便播发差分改正信号。

(3)参考站要远离微波塔、通信塔等大型电磁发射源 200m 外，要远离高压输电线路、通信线路 50m 外。

(4)RTK 作业期间，参考站不允许移动或关机又重新启动，若重新启动，则必须重新校正。

(5)参考站接口连接必须正确，使用电瓶时注意蓄电池的正负极(红正黑负)。

(6)参考站主机开机后，需等到差分信号正常发射方可离开参考站，表现为信号灯按频率闪烁。

(二)流动站要求

(1)在 RTK 作业前，应首先检查仪器内存容量能否满足工作需要，并备足电源。

(2)为了保证 RTK 的高精度，在未知点架设基准站时，最好有 3 个以上平面坐标已知点进行校正，而且点精度要均等，并且均匀分布于测区周围，要利用坐标转换中误差对转换参数的精度进行评定。如果利用两点校正，一定要注意尺度比是否接近于 1。

(3)流动站一般设置杆高 1. 8m，当对中杆高度变化时，应修正此值。

(4)在信号受影响的点位，为提高效率，可将仪器移到开阔处或增加对中杆高度，待数据链达到固定解后再移回待定点，一般可以初始化成功。

实验四 图根导线测量

一、实验概述

(一)实验目的

导线测量是常用的平面控制测量方法，为了掌握导线外业布设、观测方法、技术要求及内业平差计算，故而安排一次实验课，即“图根导线测量”(2学时)。

(二)实验内容

(1)每组布设一条附合或闭合导线，导线点数决定于小组人数(每人观测一站)；

(2)按照图根导线测量技术要求观测水平角和水平距离；

(3)近似平差计算导线点坐标。

(三)实验要求

(1)学生分组：4~5人一组，组长1名。

(2)实验设备借领：每组借领一台全站仪及配套脚架、两台棱镜及配套脚架、钢钉若干、锤子一把、自喷漆1桶。准备记录手簿(附录三表5)、计算表格(附录三表6)、2H铅笔。

(3)观测要求：测量员、记录员、摆镜员必须轮换，每人观测一站、记录一站，各项观测满足限差要求。

(4)实验成果按照实验报告、导线略图、观测手簿、导线计算表顺序装订，所有实验成果统一采用A4纸打印。导线略图标注点号、已知数据及观测数据；观测手簿要求规范记录，字迹清晰、划改整齐；导线计算表按照表格填写已知数据、计算数据，要求字迹清晰、计算准确。

二、实验方法

(一)图根导线布设

实验地点在校园内，朝阳校区已知控制点分布情况如图2-4-1所示，控制点坐标成果见表2-4-1(注：前卫校区控制点分布及数据见第三部分实习三)。根据已知点分布情况布设附合导线或闭合导线。导线点沿校园道路布设，尽量靠近路边，避免停车或行人遮挡视线，保证相邻两点间通视。另外，导线尽量直伸，相邻边长之比不宜过大。

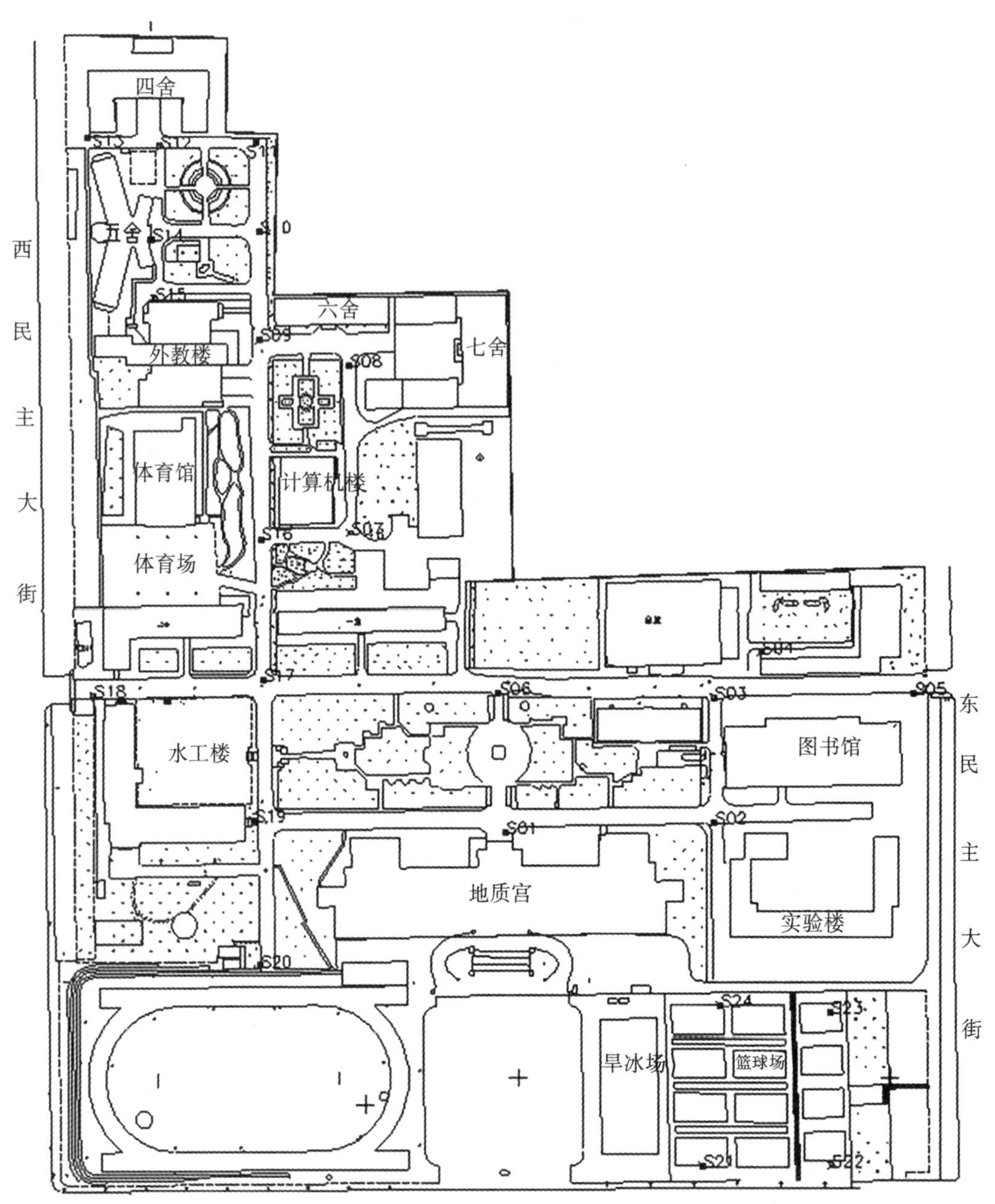

图 2-4-1　朝阳校区控制点分布图

表 2-4-1　**朝阳校区控制点成果**

ID	X(m)	Y(m)	H(m)
S01	##60765. 956	##3852. 374	251. 880
S02	##60771. 156	##3964. 773	251. 909
S03	##60836. 298	##3964. 616	251. 716

续表

ID	X(m)	Y(m)	H(m)
S04	##60860. 100	##3989. 660	251. 217
S05	##60838. 404	##4071. 942	249. 273
S06	##60838. 597	##3848. 483	251. 767
S07	##60921. 505	##3767. 842	250. 440
S08	##61008. 772	##3767. 387	249. 490
S09	##61023. 210	##3712. 027	249. 294
S10	##61078. 597	##3718. 249	248. 029
S11	##61125. 299	##3716. 783	247. 403
S12	##61122. 981	##3663. 762	247. 881
S13	##61127. 696	##3624. 988	248. 120
S14	##61074. 628	##3659. 220	248. 399
S15	##61043. 748	##3660. 791	249. 109
S16	##60918. 588	##3713. 194	250. 251
S17	##60845. 398	##3720. 801	252. 151
S18	##60837. 055	##3628. 470	253. 363
S19	##60772. 141	##3715. 766	252. 378
S20	##60696. 460	##3719. 269	252. 047
S21	##60592. 591	##3958. 496	250. 465
S22	##60592. 936	##4027. 383	249. 466
S23	##60672. 520	##4026. 944	249. 464
S24	##60676. 150	##3967. 921	250. 496

导线点以钢钉作为标志，用油漆标注点号，点号包括组号(大写英文字母)+点号(数字)，如B06，B为组号，06为点号。

(二)图根导线测量

导线观测可以采用三联脚架法(也可以不用)，测量水平角、边长(水平距离)，一般附合导线观测左角，闭合导线观测内角，不要忽略连接角。根据《工程测量规范(GB50026—2007)》，具体技术要求见表2-4-2。

表2-4-2 **图根导线主要技术要求**

测图比例尺	全长(km)	水平角测回数	测角中误差(s)	方位角闭合差(s)	相对闭合差
1∶1000	≤2000	1	≤20	$\leq 40\sqrt{n}$	1/4000

注：n为观测水平角总数。

观测手簿记录格式见表2-4-3，实验用手簿为附录三表5。

表2-4-3　　全站仪导线测量手簿

测站	盘位	目标	水平度盘读数 ° ′ ″	半测回角值 ° ′ ″	一测回角值 ° ′ ″	水平距离 (m)
B06	左	B05	$a_{左}$	$\beta_{左}$	β_6	D_{65}
		B07	$b_{左}$			
	右	B05	$a_{右}$	$\beta_{右}$		D_{67}
		B07	$b_{右}$			
B07	左	B06			β_7	D_{76}
		B08				
	右	B06				D_{78}
		B08				

(三)图根导线计算

1. 附合导线(双定向)计算

图2-4-2为双定向附合导线，计算步骤如下：

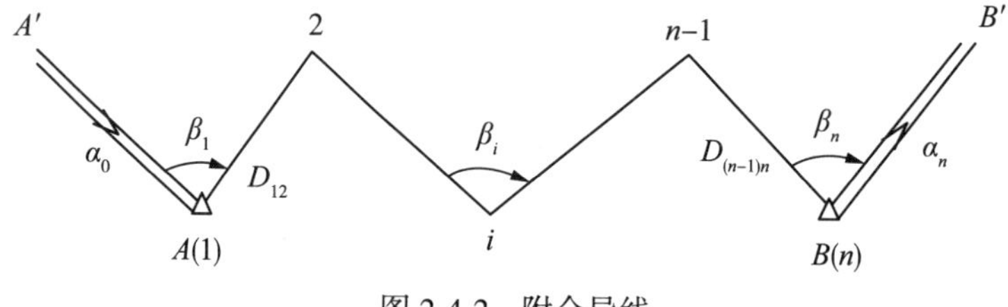

图2-4-2　附合导线

(1)方位角闭合差计算与调整：

方位角闭合差：

$$f_\alpha = \alpha_0 + n \cdot 180° \pm \sum_{i=1}^{n} \beta_i - \alpha_n$$

式中，测左角，取“+”，测右角，取“-”。若f_α满足限差要求，进行调整。

水平角改正数：

$$\begin{cases} v_{\beta_i} = -\dfrac{f_\alpha}{n}\ (左角) \\ v_{\beta_i} = \dfrac{f_\alpha}{n}\ (右角) \end{cases}$$

改正后水平角：

$$\hat{\beta}_i = \beta + v_{\beta_i}$$

方位角：

$$\alpha_{i(i+1)} = \alpha_{(i-1)i} + 180° \pm \hat{\beta}_i$$

当 $i=1$ 时，$\alpha_{(i-1)i} = \alpha_0$；当 $i=n$ 时，$\alpha_{i(i+1)} = \alpha_n$。从 α_0 开始，用改正后水平角计算各边方位角，最后附合到已知方位角 α_n，闭合差应该为零。

(2)坐标增量闭合差计算与调整：

纵、横坐标增量闭合差：

$$\begin{cases} f_X = X_1 + \sum_{i=1}^{n-1} \Delta X_{i(i+1)} - X_n \\ f_Y = Y_1 + \sum_{i=1}^{n-1} \Delta Y_{i(i+1)} - Y_n \end{cases}$$

其中，

$$\begin{cases} \Delta X_{i(i+1)} = D_{i(i+1)} \cos\alpha_{i(i+1)} \\ \Delta Y_{i(i+1)} = D_{i(i+1)} \sin\alpha_{i(i+1)} \end{cases}$$

导线闭合差：

$$f = \sqrt{f_X^2 + f_Y^2}$$

导线全长相对闭合差：

$$\frac{1}{T} = \frac{f}{\sum_{i=1}^{n-1} D_{i(i+1)}}$$

若导线全长相对闭合差满足限差要求，对坐标增量闭合差进行调整。

坐标增量改正数：

$$\begin{cases} v_{\Delta X_{i(i+1)}} = -\dfrac{f_X}{\sum_{i=1}^{n-1} D_{i(i+1)}} \cdot D_{i(i+1)} \\ v_{\Delta Y_{i(i+1)}} = -\dfrac{f_Y}{\sum_{i=1}^{n-1} D_{i(i+1)}} \cdot D_{i(i+1)} \end{cases}$$

改正后坐标增量：

$$\begin{cases} \Delta \hat{X}_{i(i+1)} = \Delta X_{i(i+1)} + v_{\Delta X_{i(i+1)}} \\ \Delta \hat{Y}_{i(i+1)} = \Delta Y_{i(i+1)} + v_{\Delta Y_{i(i+1)}} \end{cases}$$

(3)导线点坐标计算：

从已知点 A 开始，依次计算导线点坐标，最后附合到已知点 B，坐标增量闭合差应该为零。

$$\begin{cases} X_{i+1} = X_i + \Delta\hat{X}_{i(i+1)} \\ Y_{i+1} = Y_i + \Delta\hat{Y}_{i(i+1)} \end{cases}$$

式中，$i = 1, 2, \cdots, n-1$。

导线计算示例见表 2-4-4，实验计算用表为附录三表 6。

表 2-4-4 **附合导线计算表**

点号	水平角 ° ′ ″	方位角 ° ′ ″	观测边长(m)	ΔX(m)	ΔY(m)	X(m)	Y(m)
A							
		α_0					
A (1)	v_{β_1} β_1					$X_A(X_1)$	$Y_A(Y_1)$
		α_{12}	D_{12}	$v_{\Delta X_{12}}$ ΔX_{12}	$v_{\Delta Y_{12}}$ ΔY_{12}		
2	β_2					X_2	Y_2
		…	…	…	…		
…	…					…	…
		$\alpha_{(n-1)n}$	$D_{(n-1)n}$	$v_{\Delta X_{(n-1)n}}$ $\Delta X_{(n-1)n}$	$v_{\Delta Y_{(n-1)n}}$ $\Delta Y_{(n-1)n}$		
B (n)	v_{β_n} β_3					$X_B(X_n)$	$Y_B(Y_n)$
		α_n					
B'							
$\sum$	$\sum\beta$		$\sum D$	$\sum\Delta X$	$\sum\Delta Y$		

闭合差计算与检核：

$f_\alpha =$

$f_{\alpha限} = 40\sqrt{n} =$

$f_X =$ $\quad f_Y =$

$f =$

$\frac{1}{T} = \qquad \frac{1}{4000}$

导线略图：

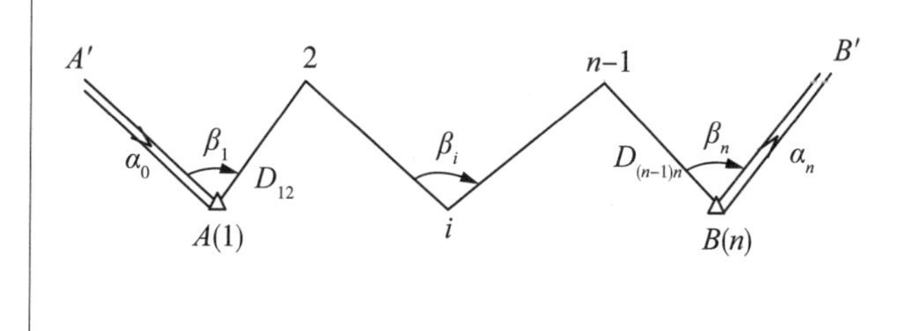

2. 闭合导线计算

图 2-4-3 为闭合导线，闭合导线可以理解是附合导线的特殊情况，即 1 点与 n 点重合，计算过程一样。注意，逆时针推算时，观测水平角为左角；顺时针推算时，观测水平角为右角。

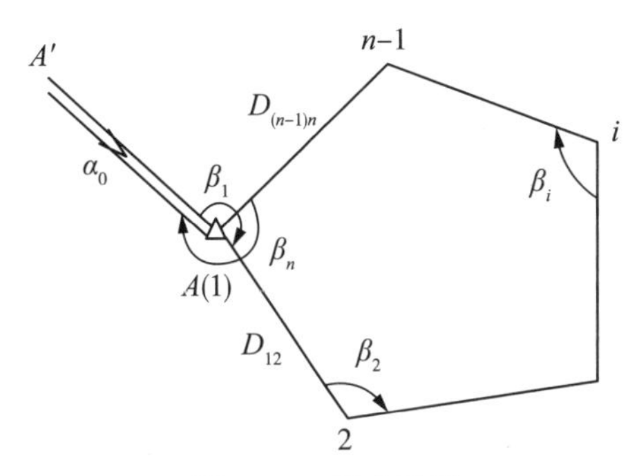

图 2-4-3 闭合导线

三、注意事项

(1) 导线相邻两边长度不要相差太大，避免调焦带来测角误差；

(2) 仪器和目标棱镜要精确对中整平，尽量减小短边观测时对中误差的影响；

(3) 方位角闭合差调整精确到整秒，残余误差调整在短边相接的角上；

(4) 可以不用三联脚架法施测，但所有点观测目标都必须使用脚架、基座和棱镜，不得采用其他对中装置；

(5) 测站超限可以重测，重测必须变换起始度盘位置；

(6) 相对闭合差化为分子为 1 的形式；

(7) 方位角闭合差超限或全长相对闭合差超限时，需重测。

实验五　四等水准测量

一、实验概述

(一)实验目的

三、四等水准测量是高程控制测量的常用方法，为了掌握三、四等水准路线外业布设、观测方法、技术要求及内业平差计算，故而安排一次实验课，即“四等水准测量”(2学时)。

(二)实验内容

(1)每组布设一条附合或闭合的四等水准路线，路线点数决定于小组人数(每人观测一站)；

(2)按照四等水准测量技术要求进行外业观测；

(3)平差计算未知点高程。

(三)实验要求

(1)学生分组：4~5人一组，组长一名。

(2)实验设备借领：每组借领一台水准仪及配套脚架、一对双面水准尺、一对尺垫、钢钉若干、锤子一把、自喷漆1桶。准备四等水准测量记录手簿(附录三表7)、水准路线计算表(附录三表8)、2H铅笔。

(3)观测要求：测量员、记录员、扶尺员必须轮换，每人观测一站，记录一站。观测成果满足限差要求。

(4)实验成果按照实验报告、水准路线略图、观测手簿、水准路线计算表顺序装订，所有实验成果统一采用A4纸。水准路线略图标注点号、已知数据及观测数据；观测手簿要求规范记录，字迹清晰、划改整齐；导线计算表按照表格要求填写已知数据、计算数据，要求字迹清晰、计算准确。

二、实验方法

(一)四等水准路线布设

实验地点在校园内，朝阳校区控制点分布及数据见第二部分实验四(前卫校区控制点分布及数据见第三部分实习三)，根据已知点分布情况布设附合水准路线或闭合水准路线。水准路线沿校园道路布设，尽量靠近路边，避免停车或行人遮挡视线。

水准测量也可以沿着本组图根导线进行，点号相同。

(二)四等水准路线测量

测站观测顺序为“后前前后(黑黑红红)”，即中丝读数顺序为：后尺黑面—前尺黑面—前尺红面—后尺红面。顾及视距测量，实际读数顺序为：后尺黑面上、下丝—后尺黑面中丝—前尺黑面上、下丝—前尺黑面中丝—前尺红面中丝—后尺红面中丝。也可以采用“后后前前(黑红黑红)”读数顺序。根据《工程测量规范(GB 50026—2007)》，具体技术要求见表 2-5-1、表 2-5-2。

表 2-5-1 **四等水准路线主要技术要求**

等级	仪器精度	每公里高差中误差(mm)	路线长度(km)	附合路线或环线闭合差(mm)
四等	DS3	≤10	≤16	$\leqslant 20\sqrt{L}$

注：L 为路线长度，以 km 为单位。

表 2-5-2 **四等水准观测主要技术要求**

等级	视距长度(m)	前后视距差(m)	视距差累计差(m)	黑红面读数差(mm)	黑红面高差之差(mm)
四等	≤100	≤5.0	≤10.0	≤3.0	≤5.0

观测手簿记录格式见表 2-5-3，实验用手簿为附录三表 7。

表 2-5-3 **四等水准测量手簿**

<table>
<tr><td rowspan="8">测站</td><td rowspan="8">目标</td><td rowspan="2">后尺</td><td>上丝读数</td><td rowspan="2">前尺</td><td>上丝读数</td><td rowspan="4">方向及尺号</td><td colspan="2" rowspan="2">中丝读数</td><td rowspan="4">k+黑-红(mm)</td><td rowspan="4">高差中数(m)</td></tr>
<tr><td>下丝读数</td><td>下丝读数</td></tr>
<tr><td colspan="2">后视距(m)</td><td colspan="2">前视距(m)</td><td rowspan="2">黑面高差</td><td rowspan="2">红面高差</td></tr>
<tr><td colspan="2">视距差(m)</td><td colspan="2">累积差(m)</td></tr>
<tr><td colspan="2">$m_{后}$</td><td colspan="2">$m_{前}$</td><td>后</td><td>$a_{黑}$</td><td>$a_{红}$</td><td>$k_{后}+a_{黑}-a_{红}$</td><td rowspan="4">$\frac{1}{2}[h_{黑}+(h_{红}\pm 100)]$</td></tr>
<tr><td colspan="2">$n_{后}$</td><td colspan="2">$n_{前}$</td><td>前</td><td>$b_{黑}$</td><td>$b_{红}$</td><td>$k_{前}+b_{黑}-b_{红}$</td></tr>
<tr><td colspan="2">$d_{后}$</td><td colspan="2">$d_{前}$</td><td>后-前</td><td>$h_{黑}$</td><td>$h_{红}$</td><td>$h_{黑}-(h_{红}\pm 100)$</td></tr>
<tr><td colspan="2">$d_{后}-d_{前}$</td><td colspan="2">$\sum(d_{后}-d_{前})$</td><td colspan="4"></td></tr>
<tr><td rowspan="4">1</td><td rowspan="4">S_1
\|
S_2</td><td colspan="2"></td><td colspan="2"></td><td></td><td></td><td></td><td></td><td rowspan="4"></td></tr>
<tr><td colspan="2"></td><td colspan="2"></td><td></td><td></td><td></td><td></td></tr>
<tr><td colspan="2"></td><td colspan="2"></td><td></td><td></td><td></td><td></td></tr>
<tr><td colspan="2"></td><td colspan="2"></td><td colspan="4"></td></tr>
</table>

(三)四等水准路线计算

1. 附合水准路线计算

图 2-5-1 为附合水准路线，计算步骤如下：

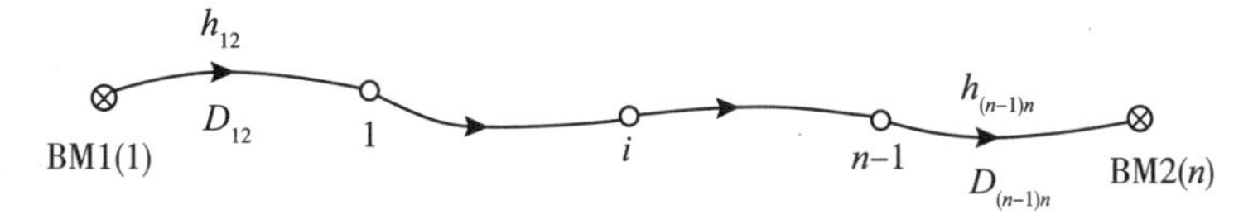

图 2-5-1 附合水准路线

(1)高差闭合差计算与调整：

高差闭合差：

$$f_h = \sum_{i=1}^{n-1} h_{i(i+1)} - (H_n - H_1)$$

式中，n 为测站数。若高差闭合差符合限差要求，进行调整。

高差改正数：

$$v_{h_{i(i+1)}} = -\frac{f_h}{\sum_{i=1}^{n-1} D_{i(i+1)}} \cdot D_{i(i+1)}$$

改正后高差：

$$\hat{h}_{i(i+1)} = h_{i(i+1)} + v_{h_{i(i+1)}}$$

(2)高程计算：

从已知点开始，用改正后的高差计算各待定点高程：

$$H_i = H_{i-1} + \hat{h}_{(i-1)i}$$

式中，i=1，2，…，n−1。

水准路线计算示例见表 2-5-4，实验计算用表为附录三表 8。

表 2-5-4 **附合水准路线计算表**

点号	观测高差(m)	距离(m)	高差改正数(m)	改正后高差(m)	高程(m)	备注
BM1(1)					H_1	
	h_{12}	D_{12}	$v_{h_{12}}$	$\hat{h}_{12}$		
2					H_2	
	…	…	…	…		
…					…	
	$h_{(n-1)n}$	$D_{(n-1)n}$	$v_{h_{(n-1)n}}$	$\hat{h}_{(n-1)n}$		
BM2(n)					H_n	
$\sum$	$\sum h$	$\sum D$	$\sum v$	$\sum \hat{h}$		

闭合差及检核：

f_h =

$f_{h_{限}} = 20\sqrt{L}$ =

路线略图：

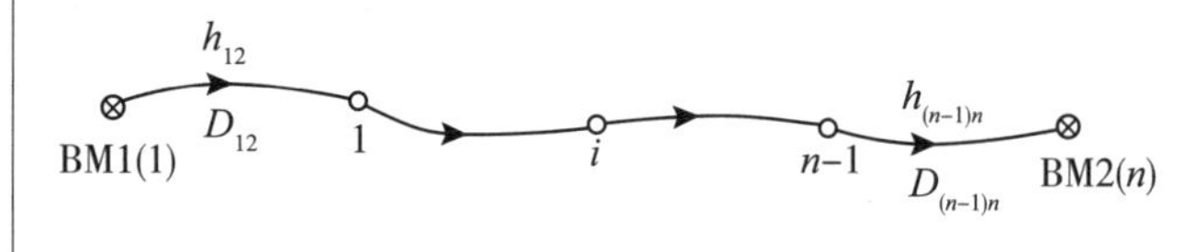

2. 闭合水准路线计算

图 2-5-2 为闭合水准路线，闭合水准路线可以理解为附合水准路线的特殊情况，即 1 点与 n 点重合。计算过程一样。

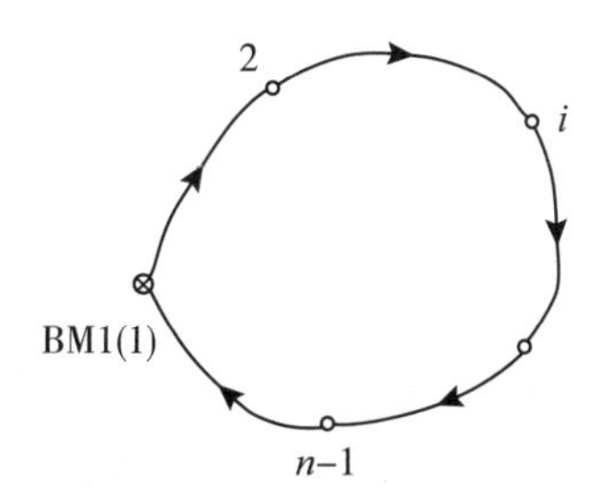

图 2-5-2 闭合水准路线

三、注意事项

(1)安置仪器时，脚架三条腿分别位于路线两侧，避免骑着脚架观测；连续水准测量时，使三脚架的两脚与水准路线方向平行，第三脚轮换置于路线方向的左侧和右侧。

(2)同一测站观测时，尽量不要重复调焦，仅当视线长度小于 10m，且前后视距差小于 1m 时，在观测前后标尺时可调整焦距。

(3)除路线转弯处，每测站上仪器与前后标尺应尽量接近一条直线。

(4)每一测段的往测与返测测站数均应为偶数，由往测转向返测时，两标尺需要互换位置，并应重新安置仪器。

(5)手簿记录按照表格进行，观测数据严格按照技术要求检核，并且本站计算完毕、检查合格后方可迁往下站。

(6)如果测站观测误差超限，在本站发现立即重测，重测必须变换仪器高；若迁站后才发现，应从上一个待定点重测。

(7)记录、计算时，距离精确到 0.1m，高差、高差改正数、高程精确到 0.001m，遵守“4 舍 6 入 5 凑偶”原则。

(8)路线闭合差超限，则重测。

实验六　平面点位放样

一、实验概述

(一)实验目的

平面点位放样是工程建设中的基本施工测量工作，为了理解点位放样工作过程，掌握点位放样数据计算及实地放样的方法，故而安排一次实验课，即“平面点位放样”(2学时)，对极坐标法点位放样进行训练。

(二)实验内容

(1)放样数据计算：根据已知点和设计点坐标，计算放样数据；

(2)实地点位放样：依据放样数据进行实地点位放样；

(3)放样点位检查：检查放样点位的正确性。

(三)实验要求

(1)学生分组：4~5人一组，组长1名。

(2)实验仪器及工具：每组借领一台全站仪及配套脚架、棱镜及配套脚架、棱镜杆一根，钢钉若干、锤子一把，2H铅笔。准备放样手簿(附录三表10)。

(3)实验要求：小组成员都要参与实验，互相配合，共同完成任务。放样点位满足限差要求。

(4)实验成果按照实验报告、放样点位计算表的顺序装订，所有实验成果统一采用A4纸。放样略图标注已知点和设计点的点号、坐标及放样数据；放样数据计算包括水平距离和水平角度，写明详细计算过程；放样点位检查包括观测数据、计算数据及检查结果，写明详细计算过程。

二、实验方法

(一)控制点及设计点数据

朝阳校区控制点分布及数据见第二部分实验四(前卫校区控制点分布及数据见第三部分实习三)，朝阳校区设计点位数据见表2-6-1。

表2-6-1　**设计点坐标**

设计点点号	设计点坐标		使用控制点
	X坐标(m)	Y坐标(m)	
P1	##61117.002	##3693.121	
P2	##61110.210	##3698.123	
P3	##61101.321	##3688.456	

续表

设计点点号	设计点坐标		使用控制点
	X 坐标(m)	Y 坐标(m)	
P4	##61093.658	##3683.753	S12 S13 S14 S15
P5	##61085.654	##3691.789	
P6	##61074.129	##3692.693	
P7	##61062.987	##3695.321	
P8	##61050.987	##3699.632	
P9	##60622.156	##3988.013	S21 S22 S23 S24
P10	##60625.719	##4008.546	
P11	##60642.001	##4000.987	
P12	##60646.369	##3997.129	

(二)放样数据计算

设已知点及坐标分别为 $A(X_A, Y_A)$、$B(X_B, Y_B)$ 和 $C(X_C, Y_C)$，设计点位 $P(X_P, Y_P)$，如图 2-6-1 所示，以在 A 点安置全站仪，B 点定向为例，说明放样数据计算。

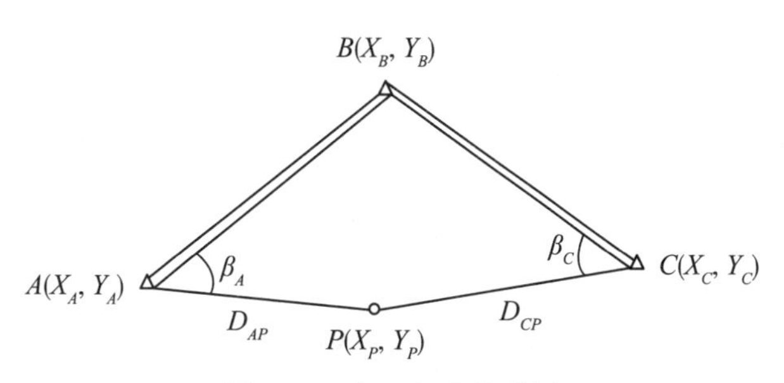

图 2-6-1 极坐标点位放样

1. 水平角计算

首先计算象限角：

$$R_{AB} = \arctan \frac{Y_B - Y_A}{X_B - X_A}$$

$$R_{AP} = \arctan \frac{Y_P - Y_A}{X_P - X_A}$$

根据象限角与方位角关系计算方位角 α_{AB}、α_{AP}，再计算水平角：

$$\beta_A = \alpha_{AP} - \alpha_{AB}$$

2. 水平距离计算

$$D_{AP} = \sqrt{(X_P - X_A)^2 + (Y_P - Y_A)^2}$$

(三)实地点位放样

以图 2-6-1 为例：

(1)在 A 点安置全站仪，B 点安置棱镜(使用脚架)，分别对中整平。

(2)全站仪瞄准 B 点，水平度盘置零，顺时针转动照准部，使得水平度盘读数为 β，固定照准部。

(3)在视线方向上安置棱镜(使用棱镜杆)，读取水平距离 D'_{AP}，计算距离差 $\Delta D_{AP} = D'_{AP} - D_{AP}$，移动棱镜(当 $\Delta D_{AP} > 0$ 时，向靠近仪器方向移动棱镜，$\Delta D_{AP} < 0$ 时，向远离仪器方向移动棱镜)，再测距离，计算距离差，再移动棱镜，反复进行，直到距离差小于 2cm，标定放样点位 P'。

(四)放样点位检核

以图 2-6-1 为例：

(1)在 C 点安置全站仪，B 点定向，测量水平角 β_C 和水平距离 S_{CP}；

(2)计算 P' 点坐标：

$$\begin{cases} X_{P'} = X_C + D_{CP}\cos(\alpha_{CB} - \beta_C) \\ Y_{P'} = Y_C + D_{CP}\sin(\alpha_{CB} - \beta_C) \end{cases}$$

(3)计算点位偏差：

$$\Delta P = \sqrt{(X'_P - X_P)^2 + (Y'_P - Y_P)^2}$$

根据《工程测量规范(GB 50026—2007)》，基础桩位放样 $\Delta P < 2\text{cm}$ 满足要求，标定 P' 为 P 点，否则重新放样。

平面点位放样计算表为附录三表 10。

三、注意事项

(1)至少要有 3 个以上的已知点，以便检核；

(2)选择已知点时，定向距离要大于放样距离；

(3)计算放样角度时，先计算象限角，再计算方位角，最后计算水平角；

(4)实地放样时，可以采用水平角、水平距离放样，也可以采用方位角、水平距离放样。

实验七 地形图应用

一、实验概述

(一)实验目的

在地学领域，地形图应用广泛，无论纸质地形图还是数字地形图，为了对地形图应用进行训练，安排一次实验课，即“地形图应用”(2 学时)。

(二)实验内容

(1)地形图识读：图廓及图廓外的内容识读、图廓内的内容识读；

(2)地形图上量测：包括坐标、方位角、距离、高程、坡度、面积量测；

(3)地形图上设计：包括按照限定坡度设计最短距离、绘制地形剖面图、确定汇水范围和面积、确定填挖分界线和土方量估算等。

(三)实验要求

(1)学生分组：2 人一组。

(2)实验资料和工具：每组借领一张教学用图《长安集》。另外，准备铅笔、橡皮、直尺、计算器等，记录计算表(附录三表 11~表 13)。

(3)实验要求：按照指导教师指定的任务进行，图上量测与设计采用铅笔标准，经过教师检查后擦掉，爱护地形图。

(4)实验成果按照实验报告、表 11、表 12、表 13 顺序装订，所有实验成果统一采用 A4 纸打印。记录及计算成果要求字迹清晰、计算准确，不写计算过程。

二、纸质地形图应用

(一)认识地形图

1. 图廓与图廓外内容

图廓由内图廓、分度带和外图廓组成，内图廓是图幅的边界线，图幅四角标注经纬度。图廓外的内容包括图名、图号、接图表、比例尺、坡度尺、三北方向、坐标系统、高程系统及图例等。

2. 图廓内内容

(1)测量控制点：包括平面控制点和高程控制点，根据不同符号进行识别。

(2)地形要素：根据地形图图式中的符号识别各种地物和地貌。地物包括居民点、工矿用地、道路、管线和垣栅、境界、水系、植被等；地貌包括等高线地貌和特殊地貌。

(3)注记要素：包括名称注记、说明注记和数字注记。

(二)地形图上量测

图 2-7-1 为 1∶1000 地形图，根据该图说明图上量测方法。实验中，根据教师指定的任务在教学用图上量测。

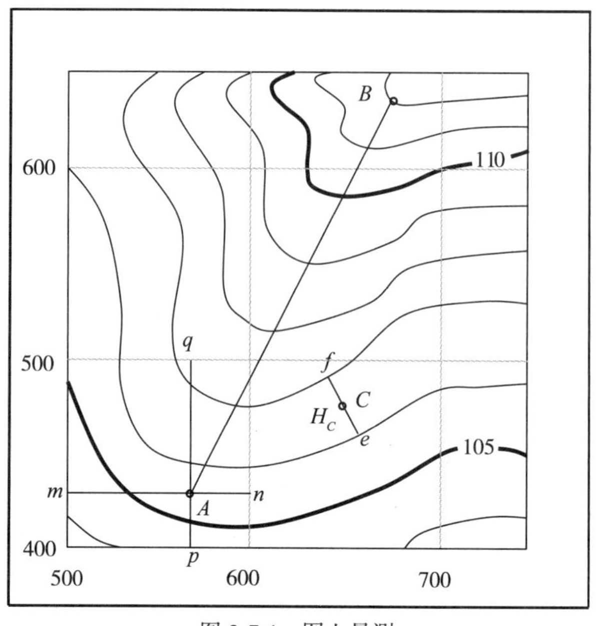

图 2-7-1　图上量测

1. 坐标量测

量测 A 点坐标，过 A 点作坐标格网平行线 mn、pq，分别量测图上距离 d_{mA}、d_{mn}、d_{pA}、d_{pq}，根据比例尺 1∶1000 和 A 点所在坐标格网西南角坐标（400，500），计算 A 点坐标：

$$\begin{cases} X_A = 400 + \dfrac{d_{pA}}{d_{pq}} \times 100 \\ Y_A = 500 + \dfrac{d_{mA}}{d_{mn}} \times 100 \end{cases}$$

2. 水平距离量测

量测 AB 之间的水平距离，分别量测两点坐标（X_A，Y_A）、（X_B，Y_B），根据两点间距离公式计算对应的实地距离：

$$S = \sqrt{(X_B - X_A)^2 + (Y_B - Y_A)^2}$$

3. 方位角量测

量测 AB 方位角，分别量测两点坐标（X_A，Y_A）、（X_B，Y_B），计算象限角：

$$R_{AB} = \arctan \frac{Y_B - Y_A}{X_B - X_A}$$

根据象限角与坐标方位角关系计算坐标方位角 α_{AB}。

4. 高程及坡度量测

量测 C 点高程，过 C 点作相邻等高线垂线，分别交两条等高线于 e、f 点，分别量测图上距离 d_{ef}、d_{Ce}，然后根据 e 点高程 106 和地形图等高距 1m 计算 C 点高程：

$$H_c = 106 + 1 \cdot \frac{d_{Ce}}{d_{ef}}$$

e、f两点之间坡度：

$$i_{ef}=\frac{H_f-H_e}{d_{ef}}$$

5. 面积量测

采用坐标解析法进行面积量测，将待测面积区域边界连接成多边形，分别量测多边形拐点坐标，然后计算面积：

$$S=\frac{1}{2}\sum_{i=1}^{n}[(x_i+x_{i+1})(y_{i+1}-y_i)]$$

式中，$i=1$，2，…，n，当$i=n$时，$i+1$取1。

坐标解析法计算面积公式有多种形式，计算正确即可。

(三)地形图上设计

1. 按限定坡度选择最短路线

图2-7-2为1∶5000地形图，等高距为5m，根据限定坡度i设计A点到B点最短距离。首先计算图上相邻两条等高线间最短距离：

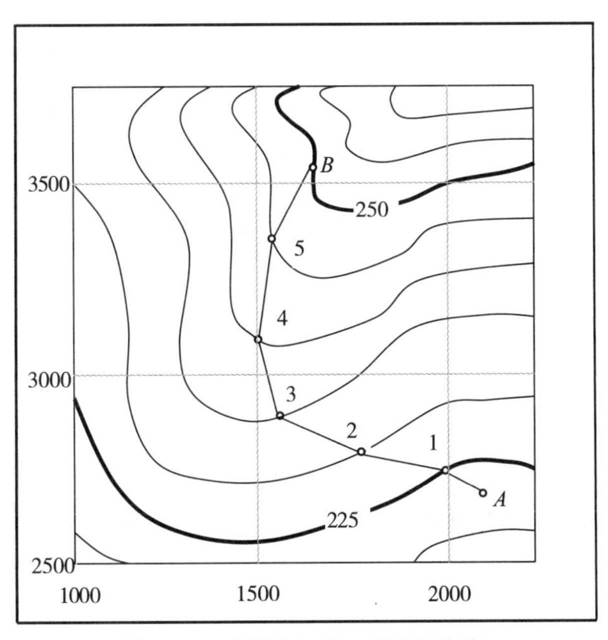

图2-7-2　按限定坡度选择最短路线

$$d=\frac{5}{5000}\cdot i$$

然后，若起点位于某条等高线上，从起点开始，沿着路线指向用卡规以d为半径画弧与相邻等高线相交，再从交点开始，依次画弧确定与下一条等高线的交点，最后，将一系列交点依次连接起来，便是按照限制坡度设计的最短路线。如果每次画弧交点有两个，尽量选择直伸路线，同时还要顾及地形施工方便等。

如果起点不在等高线上，首先量测起点到相邻等高线高差，进一步计算起点到相邻等高线最短距离，确定路线交于相邻等高线点，然后继续确定路线与下一条等高线的交点。

2. 确定汇水范围和面积

在确定汇水面积区域，沿着相邻山头将山脊线依次连接起来，再与桥涵闭合，形成汇水范围。然后，采用面积量测方法，量测汇水面积。

3. 绘制地形剖面图

(1)在地形图上，用直线连接断面起点和终点，量测该直线与等高线交点的高程和交点到起点的水平距离；

(2)绘制水平直线作为距离轴，绘制垂直直线作为高程轴；

(3)根据水平距离和高程将每个交点展在图上，一般距离比例尺与地形图比例尺一致，高程比例尺是距离比例尺 10~20 倍，也可以根据实际需要确定比例尺；

(4)用光滑曲线依次连接展点，形成剖面图。

4. 确定填挖分界线和土方量估算

采用方格法进行土方量估算：

(1)在测区范围内绘制方格网，一般边长为 2cm，并对方格进行编号；

(2)量测每个方格顶点地面高程，标注在图上；

(3)根据设计高程，计算方格顶点的填挖值，确定填挖分界线：

$$填挖值\ \Delta h = 量测高程 - 设计高程$$

其中，挖点为“+”，填点为“-”。进一步插分填挖值为“0”的点，并用光滑曲线连接起来，即为填挖分界线。

(4)土方量估算。设每个方格面积为 a(可以通过边长和比例尺计算)，则

整格填挖方量计算：

$$V = \frac{1}{4} a \sum_{i=1}^{4} \Delta h_i$$

不整格填挖方量计算：

$$V_1 = \frac{1}{n} a_1 \sum_{i=1}^{n} \Delta h_i$$

不整格面积 a_1 按照面积量测方法量测，n 为不整格边数。

分别累积挖方总量和填方总量。

三、数字地形图应用

(一)地形图上量测

进入 CASS 软件主界面，打开地形图，在菜单栏选择“工程应用”可查询指定点的坐标、两点间距离、某方向方位角、区域面积等。

(二)绘制地形剖面图

(1)打开地形图，在命令栏输入“pl”，按回车键，画出剖面方向线，如图2-7-3所示。

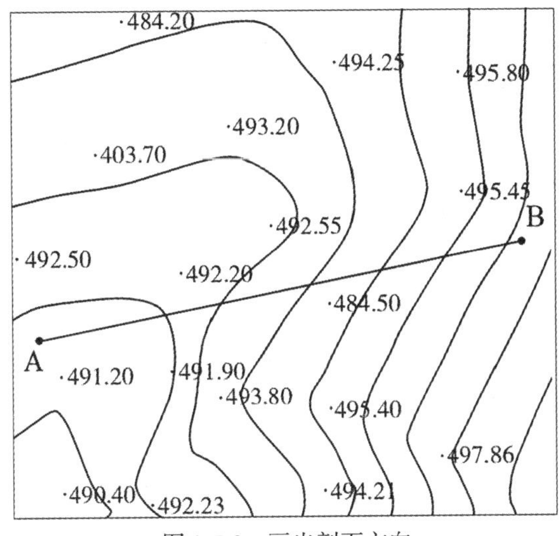

图 2-7-3　画出剖面方向

(2)在主菜单依次选择【工程应用】→【绘断面图】，进入如图 2-7-4 所示界面。

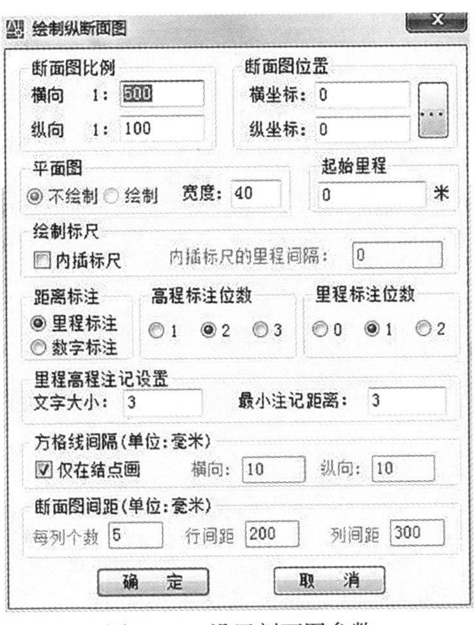

图 2-7-4　设置剖面图参数

(3)设置好相关参数，点击【确定】。结果如图 2-7-5 所示。

(三)方格网法土方量估算

(1)进入 CASS 软件主界面，在菜单栏依次选择【绘图处理】→【展高程点】，添加数据文件。

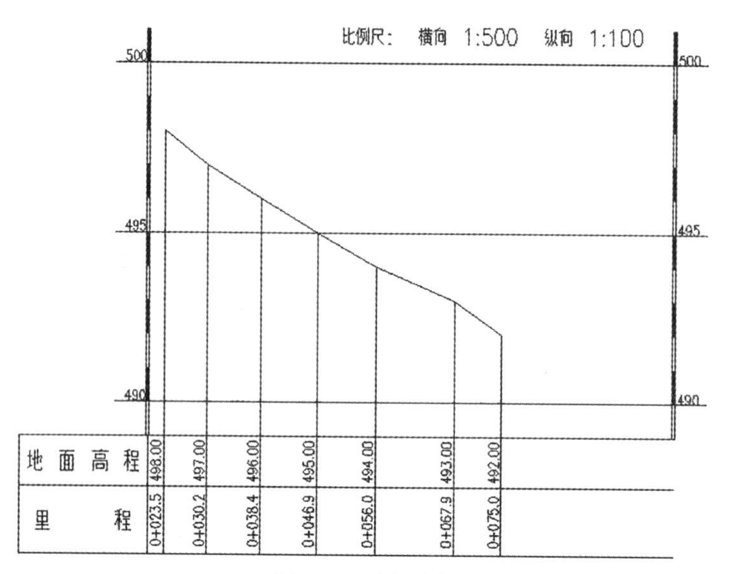

图 2-7-5　剖面图

(2)确定边界：应用画线快捷命令“pl”画边界，按 C 键闭合，如图 2-7-6 所示。

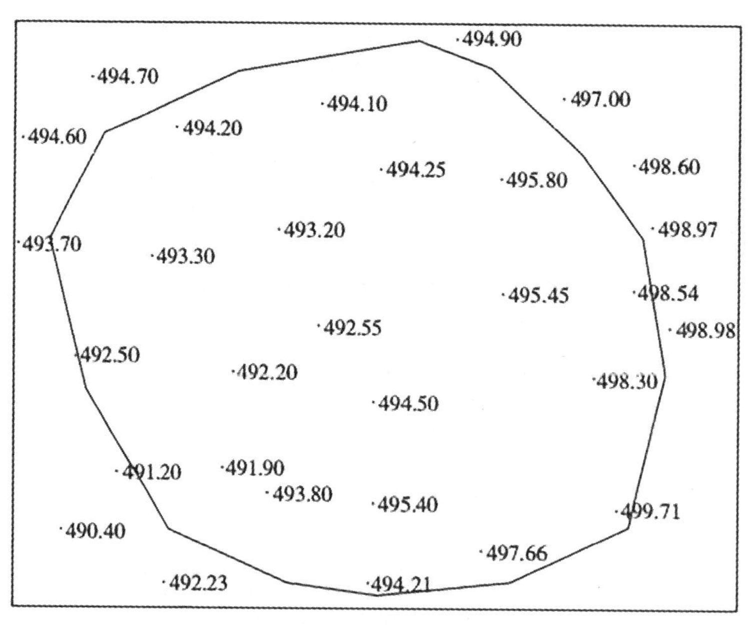

图 2-7-6　绘土方量估算边界

(3)在菜单栏依次选择【工程应用】→【方格网土方计算】，选择计算区域边界，弹出方格网土方计算对话框，导入高程点坐标数据文件，输入目标高程和方格大小参数，如图 2-7-7 所示。

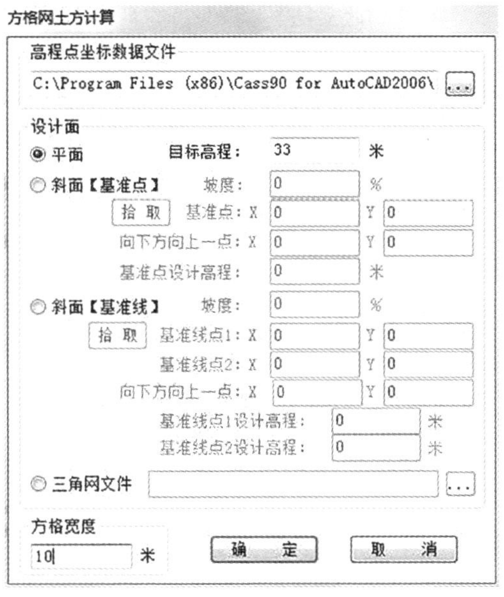

图 2-7-7 土方量估算参数设置

（4）点击全图按钮，查看结果，如图 2-7-8 所示，左侧纵轴为挖方量，底部横轴为填方量，填挖总量位于左下角。

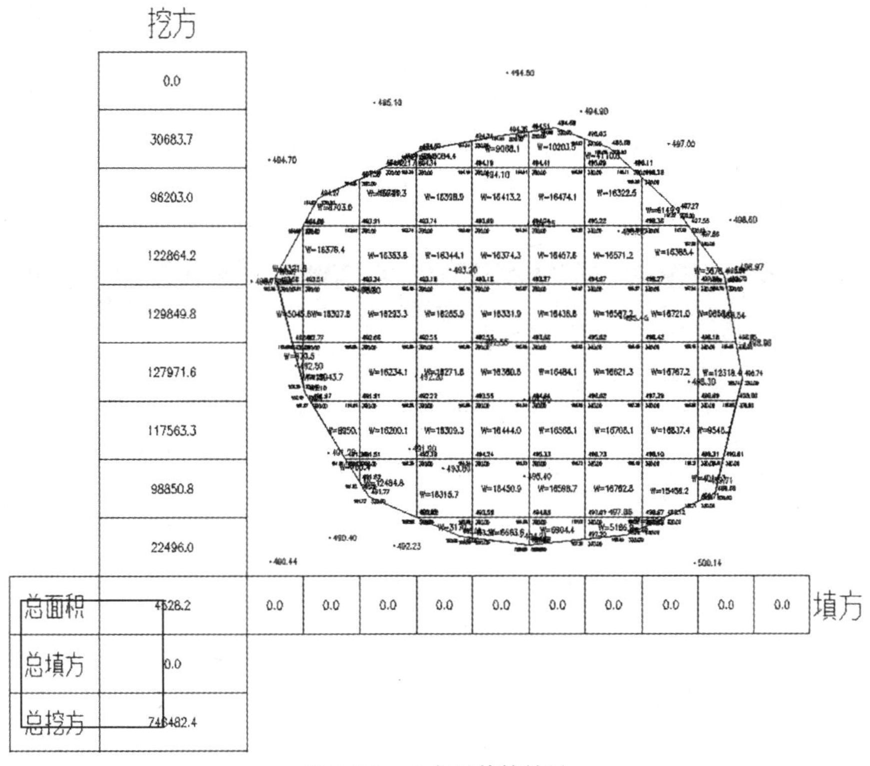

图 2-7-8 土方量估算结果

实验八　CORS 坐标测量(选做)

一、实验概述

(一)实验目的

多基站网络 RTK 技术建立的连续运行卫星定位服务综合系统(Continuous Operational Reference System, CORS)是一种常用的动态定位技术，具有覆盖范围广、精度高、单机作业等优点。为了理解 CORS 测量原理和坐标测量方法，设置一次实验课，即“CORS 坐标测量”(2 学时)。

(二)实验内容

CORS 坐标测量与点位放样。

二、CORS 坐标测量

利用 CORS 模式测量时不需要架设基准站，只需要进行移动站设置，仪器设置和测量方法参照实验四。RTK 测量模式和 CORS 测量模式的区别在于移动站的服务器选择和参数设置。在手簿 Hi-survey road 软件主界面点击【设备】→【移动站】，如图 2-8-1 所示，进入移动站设置界面，如图 2-8-1(a)所示，将【数据链】改为【手簿差分】，将服务器设置为【CORS】，输入 CORS 账号的 IP、端口、用户名、密码，如图 2-8-1(b)所示，在【源节点】处点击右侧的设置，跳转至源节点获取界面，点击【获取源节点】，获取到源节点后，选择其中一个获取的源节点，点击右上角的【确定】，如图 2-8-1(c)所示，会返回到设置移动站界面，之后点击右上角【设置】按钮，点击屏幕左上方的箭头回到 Hi-survey road 软件的主界面，在等待固定解后即可进行放样和碎部测量操作。

(a)　　(b)　　(c)

图 2-8-1　移动站设置

第三部分　实　　习

实习一　地籍测量实习

一、实习教学大纲

(一)实习简介

地籍测量实习教学对象为地球科学学院本科生(地理科学专业、土地资源管理专业)，实践环节性质为必修，实习地点在吉林大学兴城实践教学基地，实习时间为暑期，2 周。由吉林大学地球探测科学与技术学院测绘工程系负责实习组织与教学。

(二)教学目的与任务

1. 教学目的

地籍测量是地籍调查的主要环节，为土地资源管理、利用及规划提供基础数据，包括土地资源数量、分布及利用现状。地籍测量实践性很强，实习是必不可少的教学环节，通过实习能够加深和巩固理论教学内容的理解，掌握实际工作流程、施测方法和技术要求，在实践中培养分析问题、解决问题的能力，实现理论知识向实践能力的转化。

2. 教学任务

指导学生：

(1)了解地籍调查的工作内容、流程和方法；

(2)模拟土地权属调查，了解权属调查的具体内容和技术要求；

(3)掌握地籍测量的具体内容、施测方法及技术要求；

(4)掌握地籍调查成果的检查；

(5)掌握地籍资料整理。

(三)教学内容、要求与时间安排

1. 教学内容

(1)土地权属调查：将实习基地作为一个地籍子区，模拟分解为多个宗地，进行权属调查，按照地籍调查规程要求，填写地籍调查表和绘制宗地草图。

(2)地籍控制测量：图根控制测量采用全站仪导线，根据测区情况，进行图根控制点的布设和外业观测，然后平差计算图根控制点的坐标。

(3)地籍碎部测量：包括外业草图绘制和碎部点数据采集，碎部点测量包括界址点测量和地籍图测绘，采用全站仪与 RTK 配合测量的方法。

(4)计算机制图：基于 CASS 软件进行内业成图，包括宗地图和地籍图。

(5)地籍面积量算：包括宗地面积、地类面积、宗地内建筑占地面积测算，并进行各类面积汇总。

(6)实习总结：整理实习资料，进行实习考试，总结实习问题，撰写实习报告。

2. 教学要求

为了学生理解基本理论、掌握基本方法、熟练基本技能，培养独立分析问题与解决问题的能力。指导学生以地籍测量规程为依据：

(1)进行模拟权属调查，规范填写地籍调查表和绘制宗地草图。

(2)进行地籍控制测量、碎部测量等外业测量工作，掌握基本的测量方法和实践技能。

(3)进行数据处理、数字化成图等内业工作，掌握基本的计算方法和制图技能。

(4)进行地籍测量成果检查与验收，掌握检查方法和验收要求。

(5)规范整理测量成果，撰写实习报告。

3. 时间安排

根据教学内容，具体时间安排见表3-1-1。

表3-1-1 **时间安排**

内容	时间
实习教学讲课	0.5天
仪器借领、检查与练习	0.5天
土地权属调查	1.0天
地籍控制测量	2.0天
地籍碎部测量	3.0天
计算机制图	2.0天
测量成果外业检查	0.5天
归还仪器设备	0.5天
成果整理与报告撰写	1.0天
实习考试与资料上交	1.0天

(四)教学过程管理

(1)实习开始：复习理论知识，布置实习任务，提出实习要求，强调实习纪律。

(2)实习过程：每天总结前一天的问题，提出当天注意事项，教师全天指导。

(3)实习结束：总结存在的问题，聆听学生对实习的意见，为下届实习提供参考。

(五)考核方式及成绩评定

为了让学生重视实习，认真完成各环节的训练项目，掌握基本技能和基本方法，提高动手能力和分析、解决问题的能力，要求以小组为单位提交各项实习资料和成果，按人提交文字报告。

在实习总成绩中，实习成果占60%，实习考试占30%，实习表现占10%。

(1)实习过程共有4个环节，即权属调查、控制测量、碎部测量、计算机制图，每部分占实习成果25%，教师根据完成情况给出成绩，全组同学成绩一致。

(2)依据能否积极主动承担实习任务，有效地与小组同学配合工作，能否遇到问题时提出自己独到的理解与解决方法等，小组给出实习表现成绩。

(3)实习结束进行综合考试，每个人获得实习考试成绩。

根据以上三方面综合量化给出总成绩。若出现以下情况之一，则为不及格，不及格同学参加下一届实习：

(1)没有完成实习任务。

(2)观测成果有伪造现象。

(3)随意旷课三次以上。

(六)参考资料

(1)臧立娟，王凤艳．测量学[M]．武汉大学出版社，2018.

(2)吴大江，刘宗波．测绘仪器使用与检测[M]．郑州：黄河水利出版社，2013.

(3)中国有色金属工业协会. 工程测量规范(GB 50026—2007)[S]．中华人民共和国建设部，2008.

(4)Leica FlexLine TS02/TS06/TS09用户手册.

(5)iRTK智能RTK系统使用说明书.

(6)国土资源部地籍管理司，中国土地勘测规划院. 地籍调查规程(TD/T 1001—2012)[S]．中华人民共和国国土资源部发布，2012.

(7)国家测绘地理信息局测绘标准化研究所，等. 国家基本比例尺地图图式第1部分 1∶500 1∶1 000 1∶2 000地形图图式(GB/T 20257. 1—2017)[S]．中华人民共和国国家质量监督检验检疫总局，中国国家标准化管理委员会，2018.

(8)南方CASS7. 0软件说明书.

二、实习安排

(一)实习地点

实习地点在吉林大学兴城教学实习基地驻地，如图3-1-1所示。地理位置位于辽宁省兴城市，南临兴海南街，西临新四路，北侧为辽宁工业大学家属院，东侧为中国石化加油站，测区内地势有微小起伏，人工地物包括房屋建筑、果园、绿地、运动场、水池及必要的生活设施等。

(二)实习准备

1. 分组与分工

实习对象为两个班，50人左右，5~6人一组，共10组，每组1名组长。基地共分5个测区，如图3-1-1(虚线所示)，分别标记为Ⅰ、Ⅱ、Ⅲ、Ⅳ、Ⅴ，两个班测区重叠。

2. 实习备品

包括测绘仪器和工具、控制点布设材料、记录计算用品、资料整理用品等，每组领取实习备品见表3-1-2。每组要准备一台电脑，计算机制图使用。

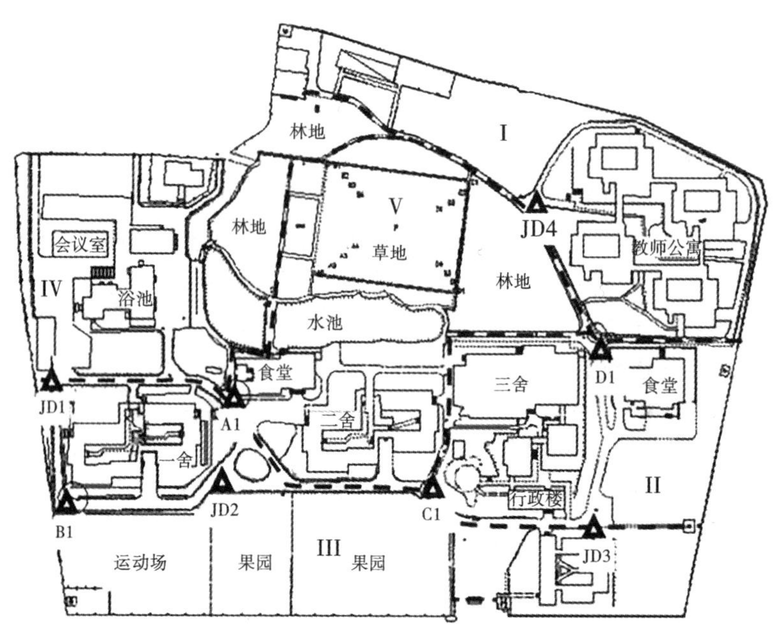

图 3-1-1　测区概况、测区分工及控制点分布图

表 3-1-2　**实习备品**

序号	备品	数量	用途
1	全站仪及配套设备 (棱镜 2 个、脚架 3 个、对中杆 1 个)	1 套	控制测量及部分 碎部点测量
2	GNSS(1+2)接收机及附件	1 套/班	部分碎部点测量
3	导线测量手簿	若干	导线记录
4	地籍调查表	若干	权属调查
5	钢尺	10 把	丈量边长
6	锤子	1 把	布设控制点
7	自喷漆(红)	1 桶	标记点位
8	钢钉	若干	控制点标志
9	2H 铅笔	若干	记录、绘图
10	档案袋	1 个	实习资料整理
11	打印纸	若干	绘制草图、实习报告用纸

(三)实习资料

包括已知控制点坐标、高程数据及控制点分布图，控制点一共 23 个，编号分别为 $A_1 \sim A_4$、$B_1 \sim B_4$、$C_1 \sim C_4$、$D_1 \sim D_4$、JD_1、JD_3、JD_4，控制点数据见表 3-1-3，控制点平面

坐标为2000国家坐标系高斯投影3°带坐标，带号为40，中央子午线经度为东经120°，高程为2000国家大地高。

表3-1-3　**已知控制点成果**

点名	X(m)	Y(m)	H(m)
A1	##97693.913	##6448.692	36.513
A2	##97692.885	##6448.076	36.489
A3	##97686.814	##6445.942	36.496
A4	##97685.409	##6445.375	36.486
B1	##97630.676	##6356.693	31.807
B2	##97631.544	##6357.227	31.771
B3	##97632.490	##6357.780	31.777
B4	##97633.385	##6358.296	31.810
C1	##97658.427	##6550.661	36.636
C2	##97657.348	##6550.375	36.605
C3	##97656.023	##6549.841	36.578
C4	##97654.962	##6549.519	36.585
D1	##97734.347	##6643.329	39.379
D2	##97735.244	##6642.178	39.415
D3	##97735.946	##6641.257	39.385
D4	##97736.668	##6640.421	39.378
JD1	##97702.719	##6349.697	31.475
JD3	##97639.351	##6646.736	36.998
JD4	##97807.147	##6601.016	40.676

控制点分布如图3-1-1所示，只标注部分点位，其他点位都分布在标注点位附近。

三、实习内容

(一)土地权属调查

每组测区设为一个宗地，进行模拟权属调查，宗地与基地外部界线为围墙内侧，宗地在基地内部的界线为道路边缘。填写地籍调查表，绘制宗地草图。

1. 宗地代码

宗地代码采用五层19位层次码结构，按层次分别表示县级行政区划(6位)、地籍区(3位)、地籍子区(3位)、土地权属类型(2位)、宗地顺序号(5位)。实习基地设为地籍子区，宗地代码为：GB(国有土地使用权，建设用地使用权宗地(地表))+阿拉伯数字(宗地顺序号 5 位)。

2. 界址点设置与编号

(1)界址点设置：界址点的设置应能准确表达界址线的走向；相邻宗地的界址线交叉处应设置界址点；土地权属界线依附于沟、渠、路、河流、田坎等线状地物的交叉点应设置界址点；在一条界址线上存在多种界址线类别时，变化处应设置界址点。

(2)界标设置：在界址点上应按规定设置界标，界标类型由界址线双方的土地权利人确定。设置界标有困难时(如界址点在水中)，应在地籍调查表或土地权属界线协议书中，采用标注界址点位和说明权属界线走向等方式描述界址点具体位置。损坏的界标，可根据已有解析界址点坐标和界址点间距、宗地草图、土地权属界线协议书等资料，采用现场放样、勘丈等方法恢复界址点。

(3)界址点编号：地籍子区统一编号，编号唯一。从地籍子区西北角顺时针方向从“1”开始编制界址点号，每个宗地编号结束，再进行下一个宗地编号。解析界址点编号采用 J1、J2、……表示，图解界址点编号采用 T1、T2、……表示，界址点及编号用红油漆标注。调查时也可以不编号，只做标志，内业成图时软件自动生成编号。

3. 界址边长及相关距离丈量

实地丈量界址边长，要求每个界址点丈量一条与邻近地物的相关距离，确实无法丈量界址边长、界址点与邻近地物的相关距离时，应在地籍调查表说明。采用钢尺丈量界址边长时，应控制在 2 个尺段以内，超过 2 个尺段，采用坐标反算界址边长，并在地籍调查表说明。

4. 地籍调查表填写

地籍调查表由封面、基本表、界址标示表、界址签章表、宗地草图、界址说明表、调查审核表和共有/共用宗地面积分摊表等组成，样表见附录四，具体要求：

(1)地籍调查表以宗地为单位填写，每宗地填写一份；

(2)地籍调查表必须做到图表内容与实地一致，表达准确无误，字迹清晰整洁；

(3)表中填写的项目不得涂改，每一处只允许划改一次，划改符号用“\”表示，并在划改处由划改人员签字或盖章，全表划改不超过 2 处；

(4)表中各栏目应填写齐全，不得空项。确属不填的栏目，使用“/”符号填充。

(5)文字内容一律使用蓝黑钢笔或黑色签字笔填写，不得使用谐音字、国家未批准的简化字或缩写名称。

5. 宗地草图绘制

宗地草图要求现场绘制，样图见附录四。依据实地丈量的界址边长、界址点与邻近地物的相关距离绘制宗地草图，宗地草图采用概略比例尺，用铅笔绘制，地物相对位置正确。宗地草图的内容包括以下：

(1)本宗地号、坐落地址、权利人；

(2)宗地界址点、界址点号及界址线，宗地内的主要地物；

(3)相邻宗地号、坐落地址、权利人或相邻地物；

(4)界址边长、界址点与邻近地物的距离；

(5)确定宗地界址点位置、界址边方位所必需的建筑物或构筑物；

(6)丈量者、丈量日期、检查者、检查日期、概略比例尺、指北针等。

界址边长、界址点与邻近地物的相关距离应为实地调查丈量的结果，数字注记字头向北、向西书写，注记过密的地方可移位放大表示。

(二)地籍控制测量

地籍控制网分为首级控制网和图根控制网，控制网的布设应遵循"从整体到局部，从高级到低级，先控制后碎部"的原则，首级平面控制网分为三、四等(或D、E级)和一、二级，主要采用静态全球定位系统定位方法建立，一、二级平面控制网也可采用导线测量方法。地籍图根控制网可采用动态全球定位系统定位方法、快速静态全球定位系统定位方法或导线测量方法建立。根据实习测区情况直接进行图根控制测量，方法为图根导线测量。

图根导线首选节点网，其次双定向附合导线、闭合导线，局部偏僻地方可采用支导线，支导线一般不超过2条边，支导线边长往返观测，转折角观测一测回。根据测区大小和已知控制点分布情况布设图根控制点，图根控制点用木桩或水泥钢钉作标志，其数量以能满足界址点测量和地籍图测绘的要求为准。根据《地籍调查规程(TD/T 1001—2012)》，要求图根导线相邻的短边与长边的边长之比不小于1/3，具体技术要求见表3-1-4。

表3-1-4　**图根导线主要技术要求**

等级	导线全长(km)	平均边长(m)	测回数		测回差(s)	方位角闭合差(s)	坐标闭合差(m)	相对闭合差
			J_2	J_6				
一级	≤1200	≤120	1	2	≤18	$\leqslant 24\sqrt{n}$	≤0.22	$\leqslant \frac{1}{5000}$
二级	≤700	≤70		1		$\leqslant 40\sqrt{n}$	≤0.22	$\leqslant \frac{1}{3000}$

(三)地籍碎部测量

地籍碎部测量包括界址点测量和地籍图测绘，地籍图测绘包括碎部点坐标采集和草图绘制。碎部测量一般采用全站仪测量和GNSS测量等全野外测量技术进行，全站仪测量方法以极坐标法为主，也可以采用直角坐标法(正交法)、截距法(内外分点法)、距离交会法、角度交会法等。如果采用角度交会法、距离交会法，要求交会角控制在30°~150°的范围内；使用直角坐标法要求界址点到控制线的水平距离与控制线的水平长度之比不应超过1/2；使用截距法，要求外分点到邻近起算点的距离应小于两个起算点之间的距离。GNSS测量碎部点，一般采用RTK、CORS定位方法，观测时要求界址点周围的环境条件应符合GPS接收机的观测条件。在实习过程中，采用全站仪测量和RTK测量相互配合的方法。

1. 碎部测量精度要求

(1)界址点精度要求：界址点测量，要求进行有效检核，检核方法有两种，一种是界址点坐标点位检核，另一种是界址点间距检核，根据《地籍调查规程(TD/T 1001—2012)》，检核结果应符合表3-1-5的规定，实习参考二级精度要求。

表 3-1-5　**界址点精度要求**

级别	界址点相对于邻近控制点的点位误差，相邻界址点间距误差(cm)	
	中误差	允许误差
一	≤5	10
二	≤7.5	15
三	≤10	20

注：土地使用权明显界址点的精度不低于一级，隐蔽界址点的精度不低于二级。

(2)地籍图精度要求：地籍图图面必须主次分明、清晰易读，地籍图的基本精度应符合表 3-1-6 的规定。

表 3-1-6　**地籍图精度要求**

项目	级别	中误差(cm)	允许误差(cm)	适用情况
界址点相对于邻近地物点的间距误差	一	≤5	10	地籍区外围地物点和地籍区内部明显地物点
	二	≤7.5	15	
	三	≤10	20	
邻近地物点的间距误差	一	≤5	10	地籍区内隐蔽界址点附近的地物点
	二	≤7.5	15	
	三	≤10	20	
地物点相对于邻近控制点的点位误差	一	≤5	10	宗地内与界址边不相邻的地物点
	二	≤7.5	15	
	三	≤12.5	25	

2. 地籍图测绘内容

地籍图的内容包括行政区划要素、地籍要素、地形要素、数学要素和图廓要素。

(1)行政区划要素：行政区划要素主要指行政区界线和行政区名称，行政区界线从高到低依次为省界、市界、县界和乡界，不同等级的行政区界线重合时只表示高级行政区界线，行政区界线在拐角处不得间断。标准分幅编制地籍图时，在乡(镇、街道办事处)的驻地注记名称，还要在内外图廓线之间、行政区界线与内图廓线的交会处两边注记名称。

在实习过程中，行政区划要素不涉及。

(2)地籍要素：地籍要素包括地籍区界线、地籍子区界线、土地权属界址线、界址点、图斑界线、地籍区号、地籍子区号、宗地号、地类代码、土地权利人名称、坐落地址等。

①界址线与行政区界线相重合时，只表示行政区界线，在行政区界线上标注土地权属界址点。地籍区、地籍子区界线叠置于省界、市界、县界、乡界和土地权属界线之下，叠置后其界线仍清晰可见。

②在地籍图上，对于土地使用权宗地，宗地号及其地类代码用分式的形式标注在宗地内，分子为宗地号，分母为地类代码。对于集体土地所有权宗地，只注记宗地号。宗地面积太小注记不下时，允许移注在空白处并以指示线标明。宗地的坐落地址可选择性注记。

③按照标准分幅编制地籍图时，若地籍区、地籍子区、宗地被图幅分割，其相应的编

号应分别在各图幅内按照规定注记。如分割的面积太小注记不下时，允许移注在空白处并以指示线标明。

④地籍图上应注记集体土地所有权人名称、单位名称和住宅小区名称。个人用地的土地使用权人名称一般不需要注记。

在实习过程中，不存在界线重叠，按要求注记宗地号和地类编码。

(3)地形要素：界址线依附的地形要素(地物、地貌)应表示，不可省略。

1∶500，1∶1000，1∶2000 比例尺地籍图上主要的地形要素包括建筑物、道路、水系、地理名称等。注记表示方法按照图式执行。实习测绘地籍图比例尺为 1∶500，注意相邻两组有重合区，保证数据拼接。针对测区实际情况，注意下面地物测绘：

①建筑物：测量外轮廓在地面上投影线，绘对应建筑物的符号；

②独立地物：能按比例尺表示的，应实测外廓，绘独立地物的符号；不能按比例尺表示的，应实测定位点或定位线，绘独立地物的符号；

③管线：测区内只有低压电力线和通信线，测线杆位置绘对应的管线符号；

④道路：测两侧边缘线，绘对应的道路符号；

⑤水池：测水池边缘线，填绘水池符号；

⑥凉亭：测投影位置，绘廊道符号；

⑦植被：测区内有果园、绿地、花坛等，测边缘线，填绘对应植被符号；

⑧运动场：测边缘线，填绘运动场符号。

(4)数学要素：包括图廓线、内图廓点坐标、坐标格网线、控制点、比例尺、坐标系统等。

(5)图廓要素：包括分幅索引、密级、图名、图号、制作单位、测图时间、测图方法、图式版本、测量员、制图员、检查员等。

3. 外业数据采集

RTK 采集碎部点数据，RTK 采集不到的数据用全站仪测量，RTK 采集碎部点方法见 2. 3 节，下面介绍全站仪碎部点数据采集的方法。

全站采集碎部点数据，应用极坐标法，如图 3-1-2 所示，观测之前，将测站点 A 和定向点 B 的坐标保存到仪器内。进入碎部点观测，仪器自动累加细部点点号，直接观测数据为水平距离 D、水平角 β，在坐标测量模式下全站仪会自动计算坐标。

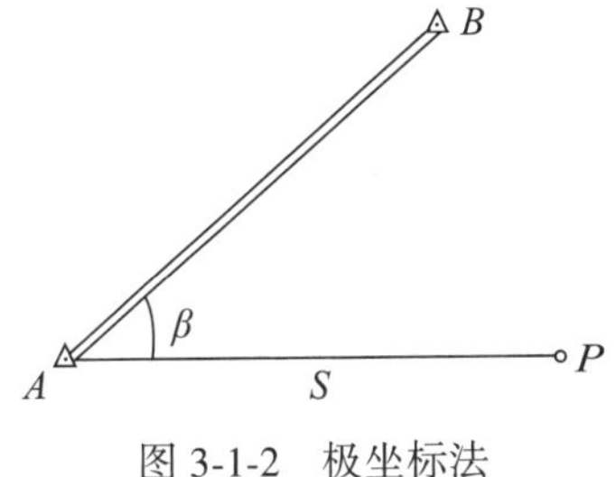

图 3-1-2　极坐标法

以徕卡 TS02 型全站仪为例，介绍全站仪碎部点数据采集及传输过程。

(1)数据采集。

①设置作业：新建或查找已有作业，如果新建作业，须输入作业名称、作业员、观测日期等。根据屏幕下方功能键提示输入，可以输入英文字母、数字及符号等。进入【主菜单】界面(图 3-1-3)，选择【管理】，进入【文件管理】界面，如图 3-1-4 所示。

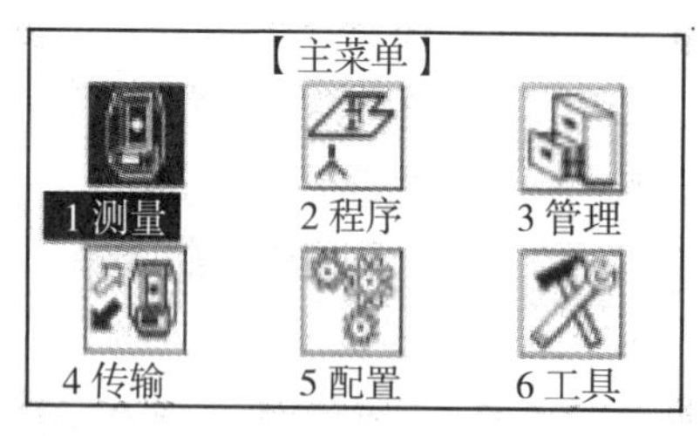

图 3-1-3　主菜单

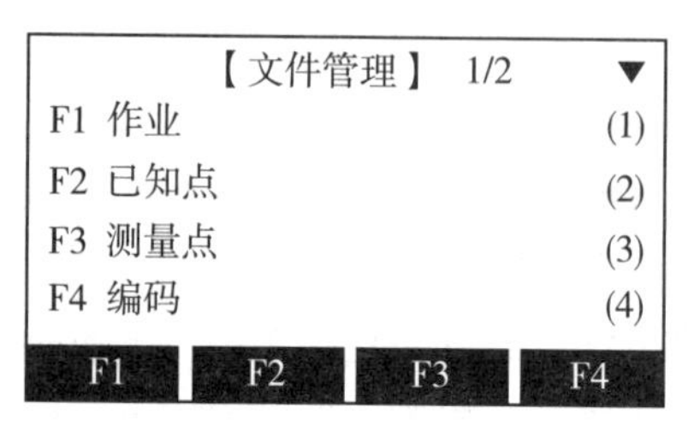

图 3-1-4　文件管理

具体操作：点击【主菜单】→【管理】→回车→【作业】(F2 键)→【新建】(F3 键)→【输入】(F3 键)→按回车键→编辑作业员等信息→按回车键→【确定】(F4 键)。

②设置已知点：输入已知点信息，包括点号和坐标。在选定的作业下，将测区所有已知点都输入，可以手动输入，也可以文件导入。如果已知点文件已存入仪器，可以通过查找文件，存入作业下，也可以对有错误的已知点进行编辑。

具体操作：【主菜单】→【管理】→按回车键→【已知点】(F2 键)→选择或设置作业→【新建】(F3 键)→【输入】(F1 键)→依次输入点号、X、Y、Z 坐标(所有已知点)→回车→【确定】(F4 键)。

③细部点测量：在测站安置好仪器，开机。主菜单界面下选择【程序】，进入【程序】界面(图 3-1-5)。选择【测量】，进入【测量】界面(图 3-1-6)。

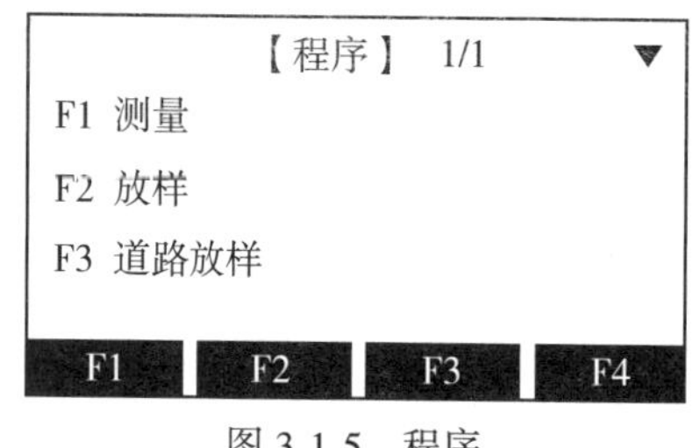

图 3-1-5　程序

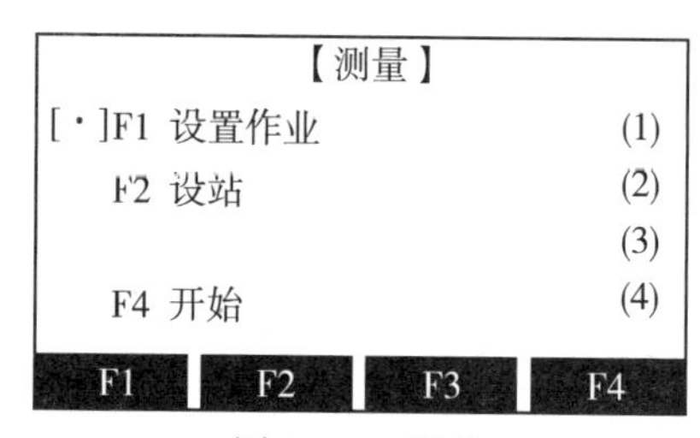

图 3-1-6　测量

a. 点击【设置作业】(F1 键)，确定自己的作业，单击【确定】(F4 键)，出现【＊】，表示完成。

b. 点击【设站】(F2 键)，限差不设置。

c. 点击【开始】(F4 键)，进入【输入测站数据】界面(图 3-1-7)。

d. 点击【方法】，可选择四种，坐标定向、角度定向、后方交会、高程传递，本实习选择【坐标定向】。

e. 点击【测站】，输入测站点号，可以通过【查找】，查看测站点信息；

f. 点击【仪器高】，测三维坐标需要输入准确仪器高，只测二维坐标，有值就可以；

g.【注释】，没有特别要求可以不用。

单击【↓】(下一步)，进入【目标点输入】界面(图 3-1-8)，进行定向点设置。定向点可以从已知点中选择，打开【列表】，查找选择。按回车键之后，进入【测量目标点】界面(图 3-1-9)，瞄准定向点目标，点击【测存】。

测存后进入【设站结果】界面(图 3-1-10)，首先进行设站检查，显示测站信息，检查后，点击【设定】。然后【计算】，进入【信息】界面(图 3-1-11)，进行高程检查，如果没有问题，选择【旧值】。

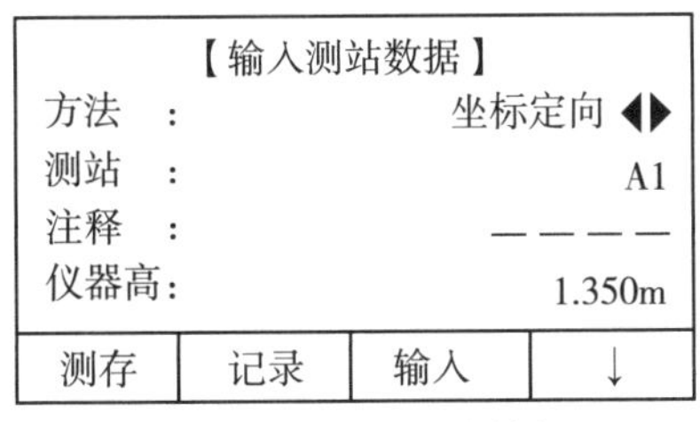

图 3-1-7　输入测站数据

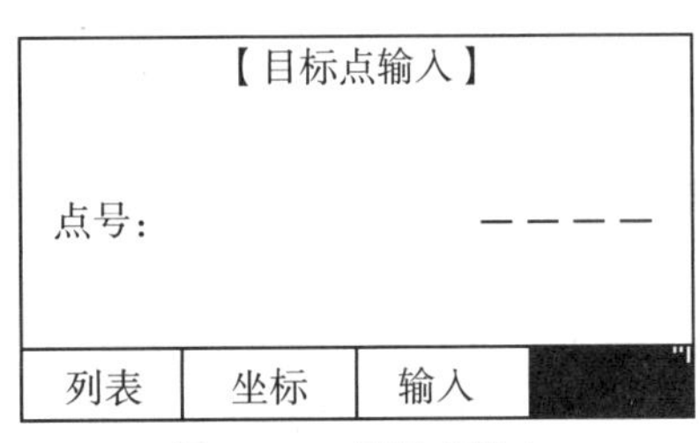

图 3-1-8　目标点输入

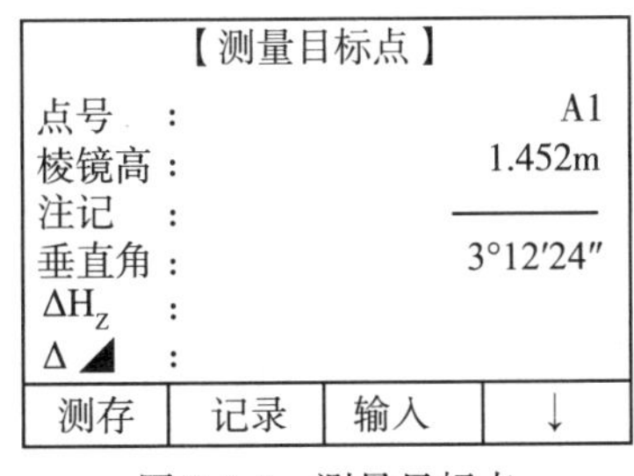

图 3-1-9　测量目标点

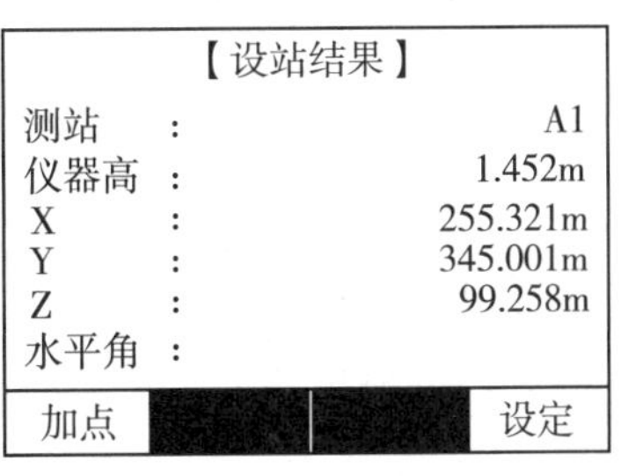

图 3-1-10　设站结果

进入【测量】界面(图 3-1-12)，开始碎部点测量，依次测量细部点，仪器自动累加点号，瞄准碎部点之后【测存】。

【信息】
【高程已存在】

测站　:	A1
旧H0　:	99.123m
新H0　:	99.129m
Δ H0　:	0.006m
返回　旧值	均值　新值

图 3-1-11　信息

【测量】

作业　:	A1
点号　:	1
棱镜高 :	1.640m
X　:	——.———
Y　:	——.———
Z　:	——.———
测存　测距	记录　↓

图 3-1-12　测量(碎部点)

TS02plus 型全站仪测量过程与 TS02 型全站仪基本相同，包括设置作业、设置已知点、碎部点测量，具体操作略有不同：

设置作业：【主菜单】→【管理】→按回车键→【作业】→按回车键→【新建】(F2 键)→输入作业名称、作业员等信息→按回车键→【继续】(F4 键)→提示【数据已保存】。

设置已知点：【主菜单】→【管理】→按回车键→【已知点】→按回车键→【新建】(F3 键)→依次输入点号、Y、X、Z→按回车键→【继续】(F4 键)→提示【数据已保存】→返回→【新建】(F3 键)→依次输入所有已知点。

碎部点测量：【主菜单】→【程序】→按回车键→【设站】→按回车键→【继续】(F4 键)→【坐标定向】→【继续】(F4 键)→【列表】(F2 键)→选择测站点号→【继续】(F4 键)→【继续】(F3 键)→【列表】(F1 键)→选择定向点点号→【继续】(F4 键)→瞄准定向点→【测距】(F2 键)→【记录】(F3 键)→【F4 计算】→显示测站坐标→翻页→显示距离差→【设定】→【均值】→跳转至程序界面→瞄准定向点→【测量】→按回车键→【继续】→翻页→【测距】(限差满足要求)→瞄准细部点→【测存】，依次进行。

(2)数据传输与整理。

第一步：连接数据线，注意指示标志(红点)；

第二步：全站仪开机→进入【主菜单】→单击【数据传输】→按回车键→选择作业→【输出】(F1 键)(形成数据文件夹)；

第三步：选择【主菜单】→【配置】→【通信】→【波特率为 19200】；

第四步：【主菜单】→【传输】→【数据传输】(F1)→选择作业(选择自己新建的作业)→按 F4 键；

第五步：将格式改为 CASS，然后单击【发送】。现在数据被传输到全站仪内部的储存卡中；

第六步：打开 Leica Geo Office：

①选择【工具】→【数据交换与管理】，界面如图 3-1-13 所示。

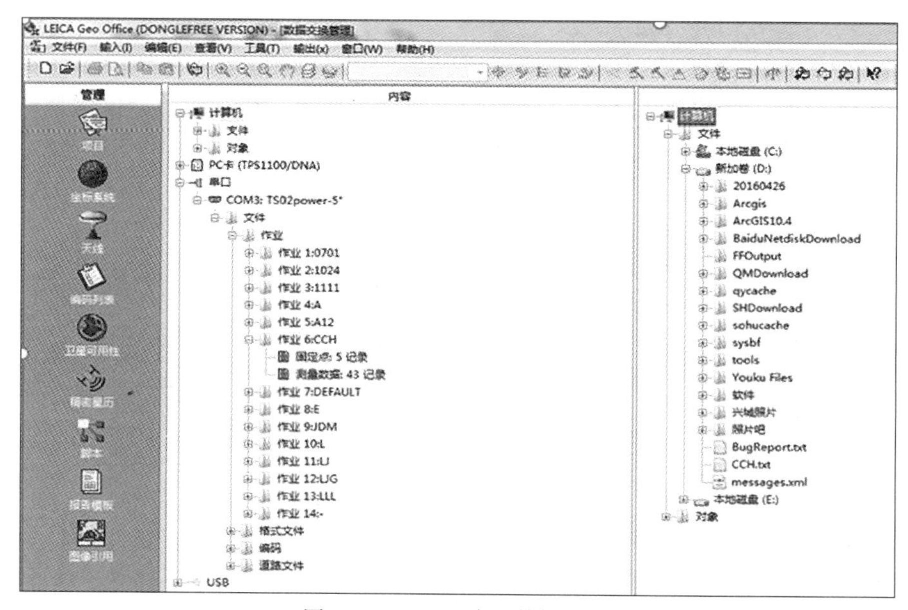

图 3-1-13　COM 串口数据获取

②拖动自己新建作业下的测量数据到右侧目标文件中，如图 3-1-14 所示。

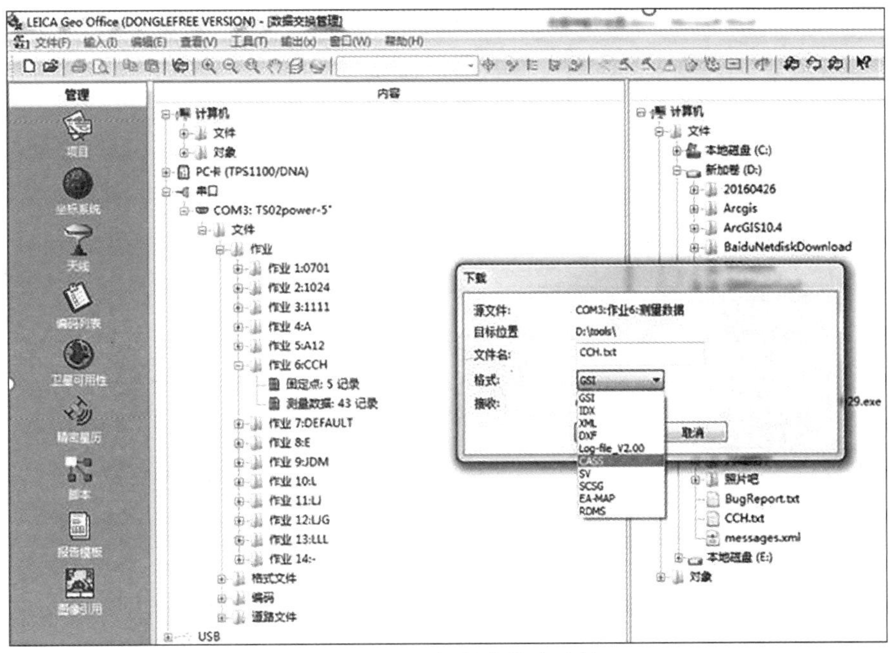

图 3-1-14　坐标导出格式选择

③修改文件格式为 . txt，并将格式改为 CASS，然后点击【开始】，导出到目标文件中，如图 3-1-15 至图 3-1-18。

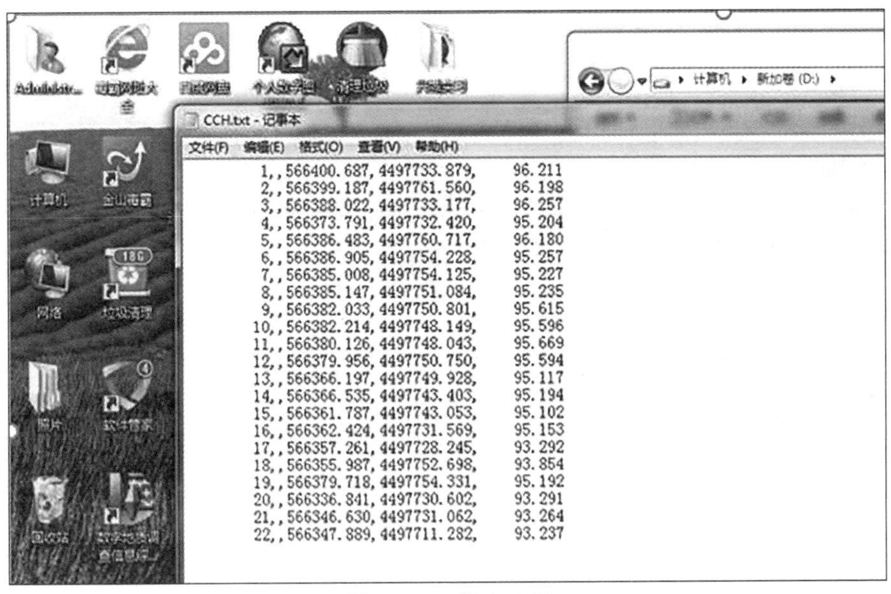

图 3-1-15　导出坐标

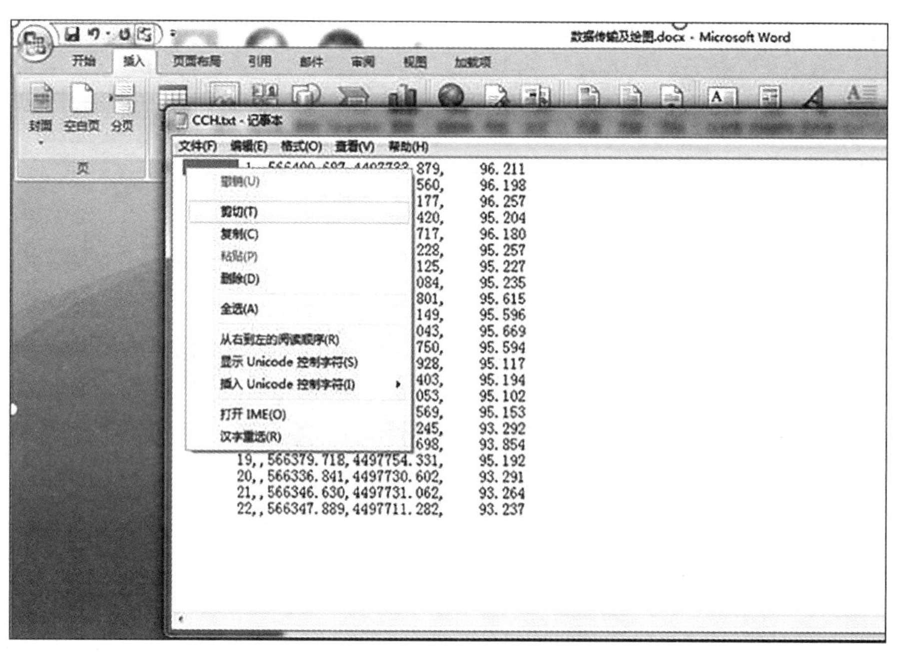

图 3-1-16　选择并复制空格符

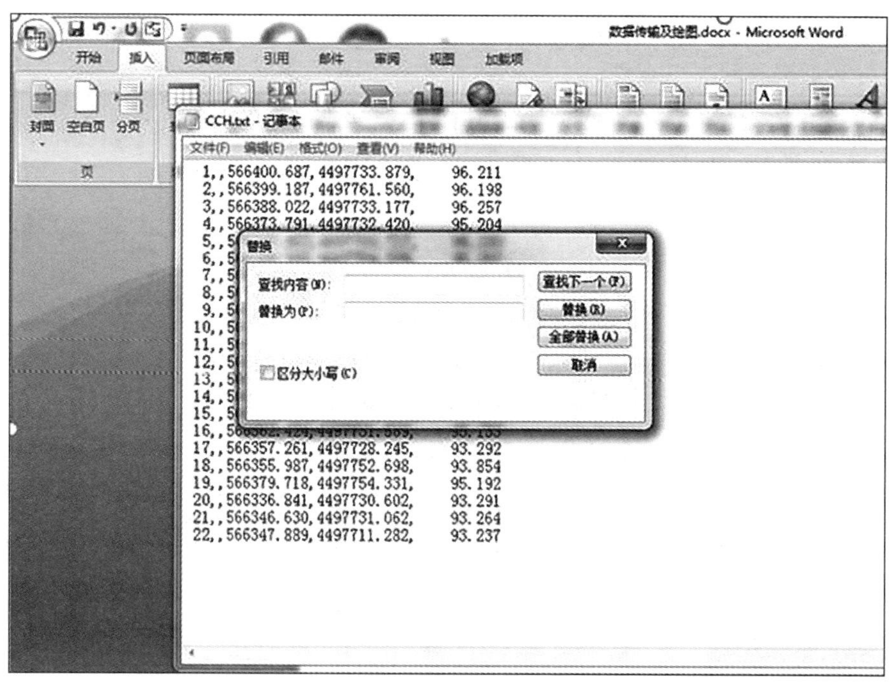

图 3-1-17　替换方式删除空格

粘贴【空格】后点击【全部替换】。整理完成后数据如图 3-1-18 所示，保存后将扩展名改为“dat”。

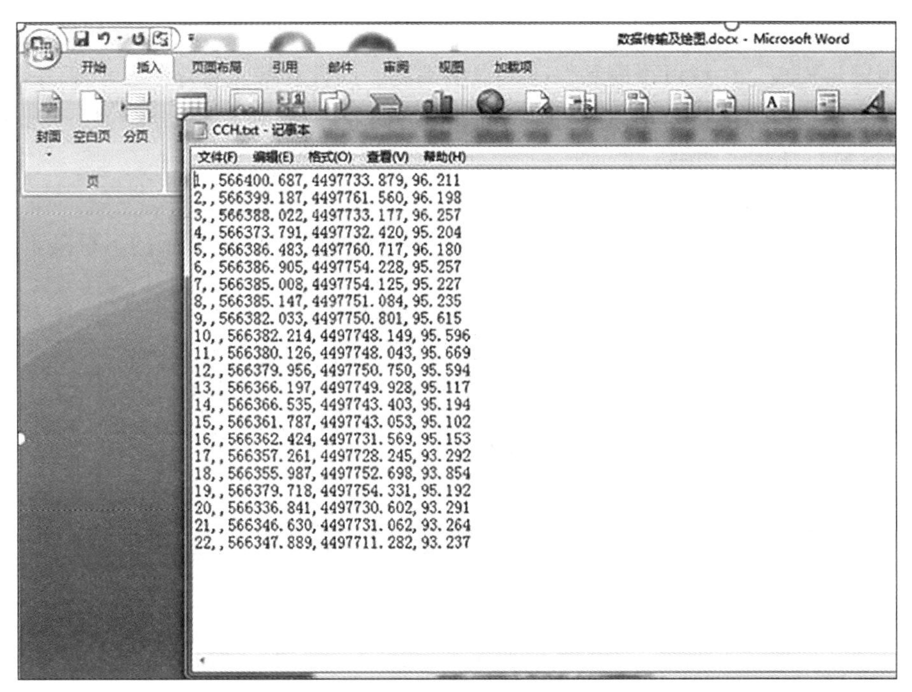

1,,566400.687,4497733.879,96.211
2,,566399.187,4497761.560,96.198
3,,566388.022,4497733.177,96.257
4,,566373.791,4497732.420,95.204
5,,566386.483,4497760.717,96.180
6,,566386.905,4497754.228,95.257
7,,566385.008,4497754.125,95.227
8,,566385.147,4497751.084,95.235
9,,566382.033,4497750.801,95.615
10,,566382.214,4497748.149,95.596
11,,566380.126,4497748.043,95.669
12,,566379.956,4497750.750,95.594
13,,566366.197,4497749.928,95.117
14,,566366.535,4497743.403,95.194
15,,566361.787,4497743.053,95.102
16,,566362.424,4497731.569,95.153
17,,566357.261,4497728.245,93.292
18,,566355.987,4497752.698,93.854
19,,566379.718,4497754.331,95.192
20,,566336.841,4497730.602,93.291
21,,566346.630,4497731.062,93.264
22,,566347.889,4497711.282,93.237

图 3-1-18 CASS 格式坐标整理结果

4. 外业草图绘制

野外草图与点位数据采集同时进行，采用概略比例尺，地物相对位置与实地一致，测点编号与全站仪测点编号一致，并标注地物类型。有些必要距离，需要钢尺(或皮尺)量测，标注在草图上，协助内业成图。图 3-1-19 为草图示例。

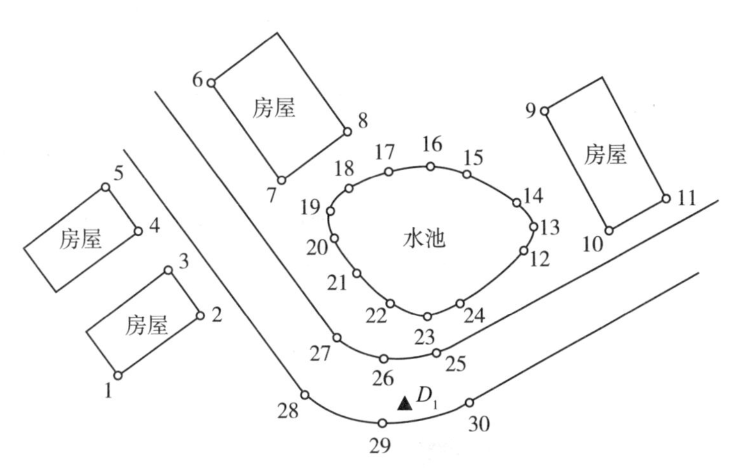

图 3-1-19 野外草图

(四)计算机制图

全站仪(或 GPS 接收机)与计算机联机，将原始数据文件中的碎部点数据(点号、三维坐标、属性编码)转存至计算机，并转换成制图软件默认的数据文件格式，数据量较少时也可采用键盘输入。注意可增删和修改测点的编码、属性和信息排序等，但不得修改原始测量数据。应用南方测绘公司成图软件系统 CASS 内业成图过程简单介绍如下，具体内容查看 CASS 软件使用说明书。

1. 定显示区

进入 CASS7.0 主界面，单击【绘图处理】，即出现如图 3-1-20 所示的下拉菜单。

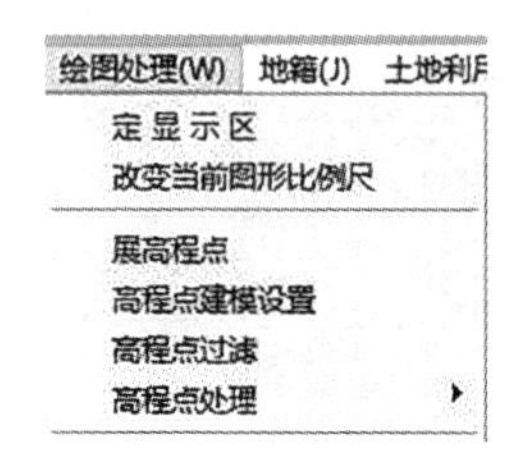

图 3-1-20　“定显示区”菜单

然后，单击【定显示区】，出现如图 3-1-21 所示的对话框。

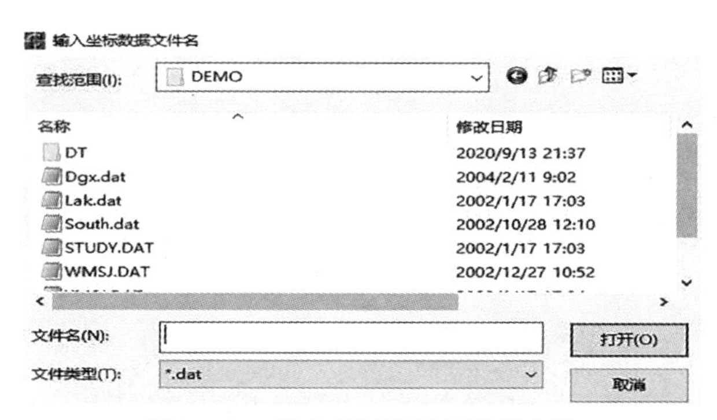

图 3-1-21　输入“定显示区”数据文件

2. 选择点号定位法

如图 3-1-22 所示，点击屏幕右侧菜单区【坐标定位】→【测点点号】。显示对话框，如图 3-1-23 所示，打开定位数据文件，读入全部碎部点坐标。

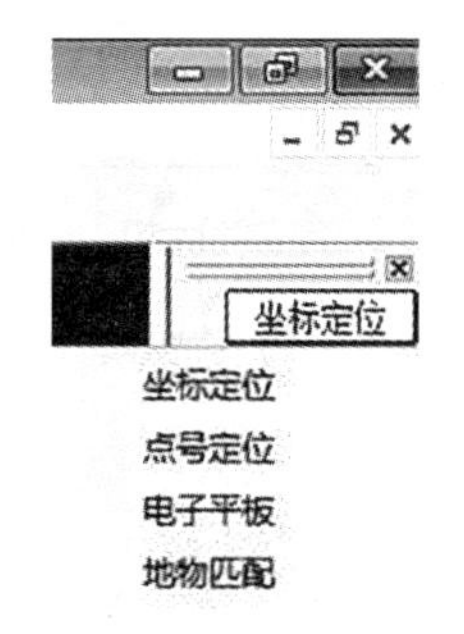

图 3-1-22　“测点点号定位”菜单

图 3-1-23　输入“测点点号定位”文件

3. 展绘测点

如图 3-1-24 所示，点击【绘图处理】→【展野外测点点号】，按回车键，界面如图 3-1-24所示。

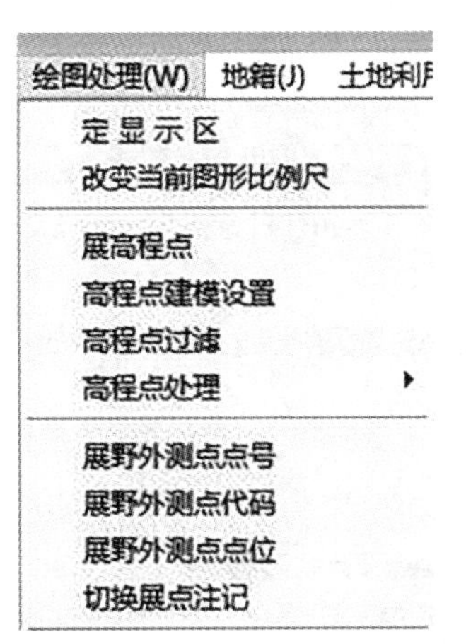

图 3-1-24　“展野外测点点号”菜单

输入文件名，点击打开，如图 3-1-25 所示。

4. 绘平面图

使用工具栏中的缩放工具进行局部放大以方便编图，对照野外草图，进行绘图。

(1)对象捕捉设置。

右击 CASS 底部菜单，如图 3-1-26 所示，右击【对象捕捉】→【设置】选项。

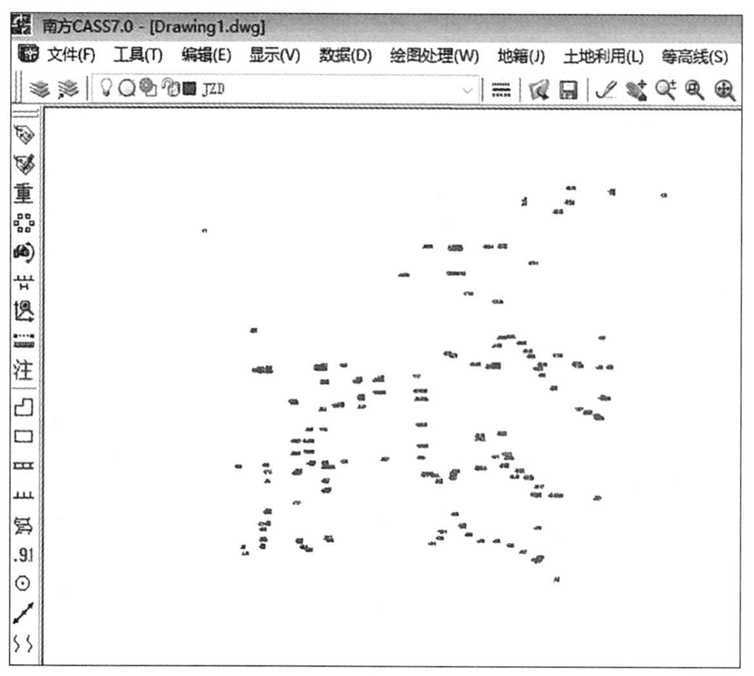

南方CASS7.0 - [Drawing1.dwg]
文件(F) 工具(T) 编辑(E) 显示(V) 数据(D) 绘图处理(W) 地籍(J) 土地利用(L) 等高线(S)
JZD

图 3-1-25　展野外测点点号

开(O)
关(F)
设置(S)...
捕捉
栅格
正交
极轴
模型

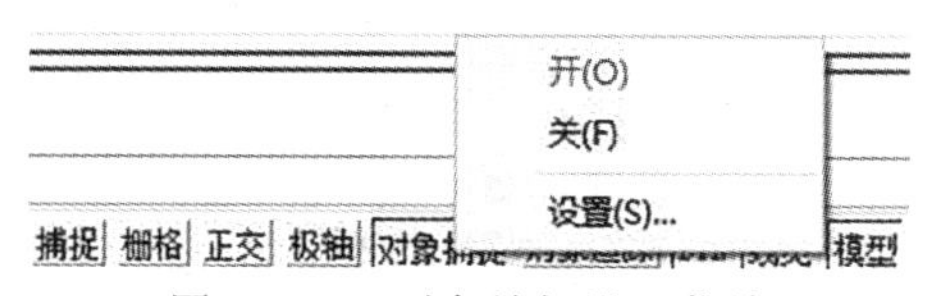

图 3-1-26　对象捕捉设置菜单

进入如图 3-1-27 所示界面，设置对象捕捉方式，如端点、节点、交点等，一般设置为节点。

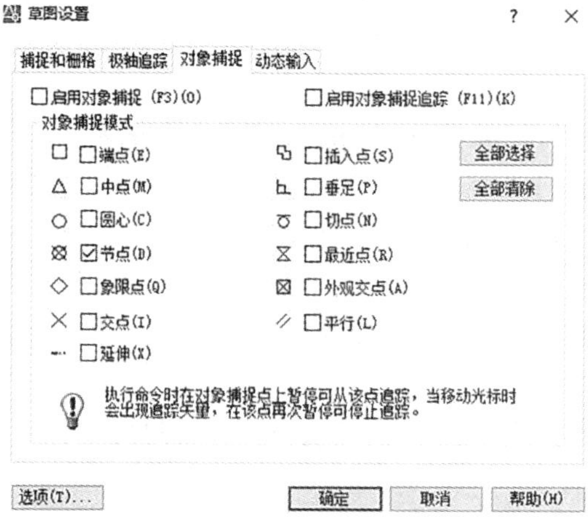

草图设置
捕捉和栅格
极轴追踪
对象捕捉
动态输入
启用对象捕捉 (F3)(O)
启用对象捕捉追踪 (F11)(K)
对象捕捉模式
端点(E)
中点(M)
圆心(C)
节点(D)
象限点(Q)
交点(I)
延伸(X)
插入点(S)
垂足(P)
切点(N)
最近点(R)
外观交点(A)
平行(L)
全部选择
全部清除
执行命令时在对象捕捉点上暂停可从该点追踪，当移动光标时会出现追踪矢量，在该点再次暂停可停止追踪。
选项(T)...
确定
取消
帮助(H)

图 3-1-27　对象捕捉设置

(2)选择地物类型。

在界面右侧菜单，如图 3-1-28 所示，选择待绘制地物，如多点一般房屋：选择【居民地】→【一般房屋】→【多点一般房屋】。

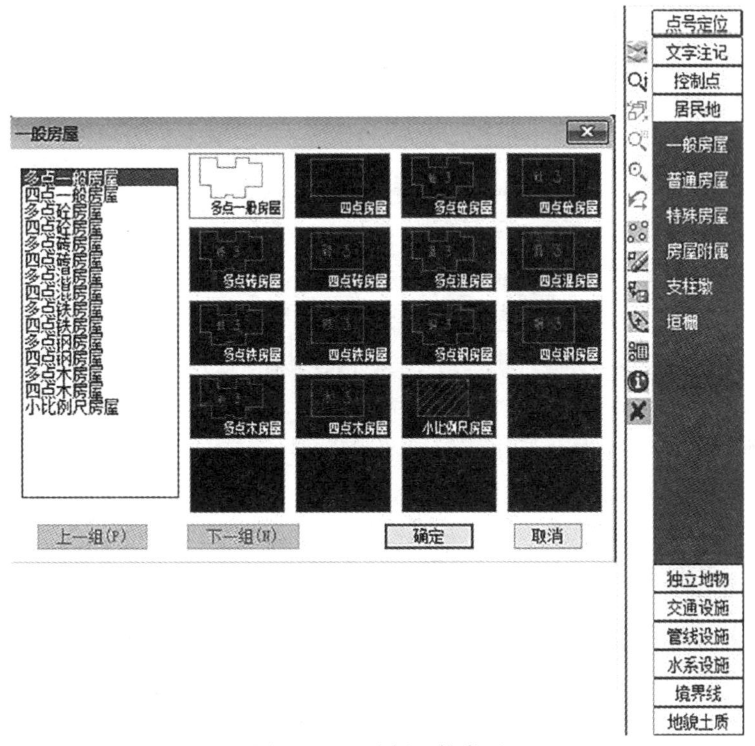

图 3-1-28　选择地物类型

(3)绘图。

以多点一般房屋为例，捕捉房屋的各角点，开始绘制，单击右键结束闭合。绘图要用到很多快捷命令，如绘制多段线命令“PL”、复制属性命令“S”、回退上一步命令“U”、闭合多段线命令“C”、刷新图层命令“regen”、清理空图层命令“purge”等，更多命令见软件说明书。下面举例说明快捷命令使用：

①在更改点样式命令框中输入“ddptype”，如图 3-1-29 所示。

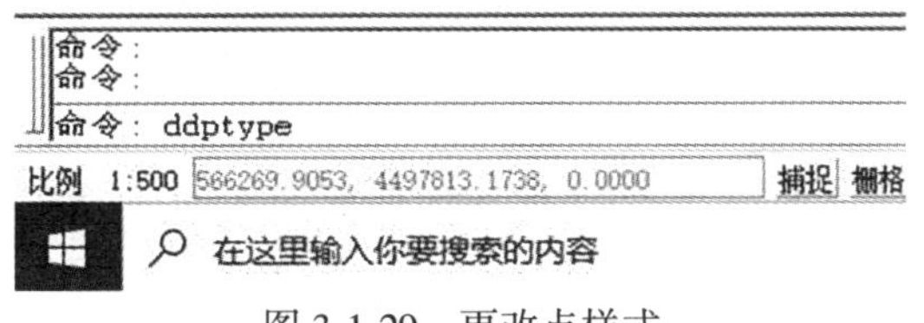

图 3-1-29　更改点样式

按回车键，选择点样式，如图 3-1-30 所示，点击【确定】。

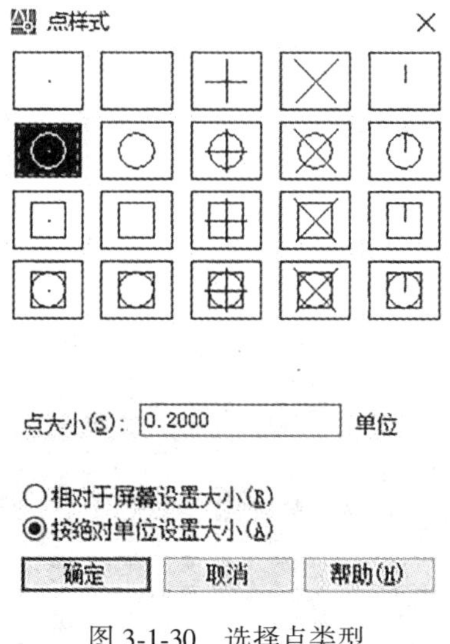

图 3-1-30 选择点类型

②三点画弧按“Q”(Q 为画弧快捷键)，如图 3-1-31 所示，依次选择点 119、65、64，右击鼠标绘制完成，可用于绘制道路转弯处。

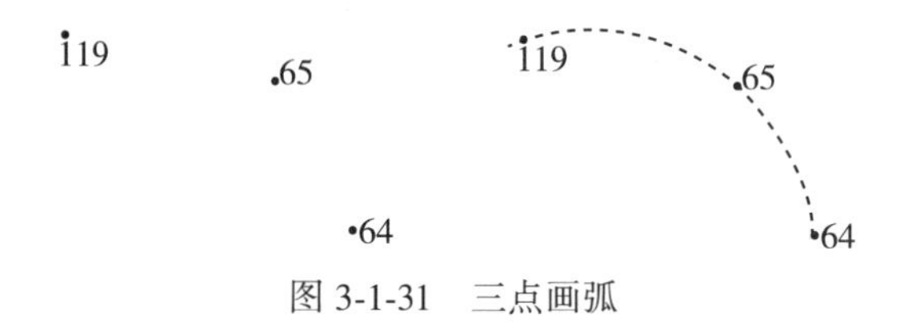

图 3-1-31 三点画弧

③沿某方向画固定长度的直线，如图 3-1-32 所示，以在 55 号点沿某方向画长为 4m 的线。首先，右击底部工具栏的极轴，如图 3-1-33 所示，单击“开”，使极轴打开。然后，捕捉 55 号点，之后移动鼠标会出现提示，右侧有两个框，依次表示距离和角度，按 Tab 键可在两者之间切换，具体操作：输入“4”→按 Tab 键→输入“60”→按回车键。

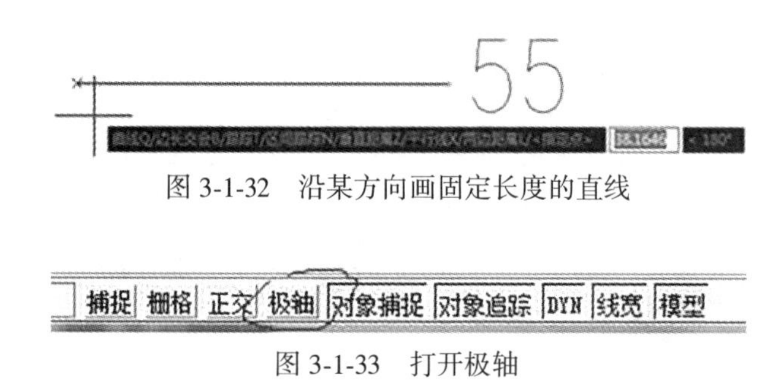

图 3-1-32 沿某方向画固定长度的直线

图 3-1-33 打开极轴

5. 多图合并

打开待拼接图的一部分，如图 3-1-34 所示。

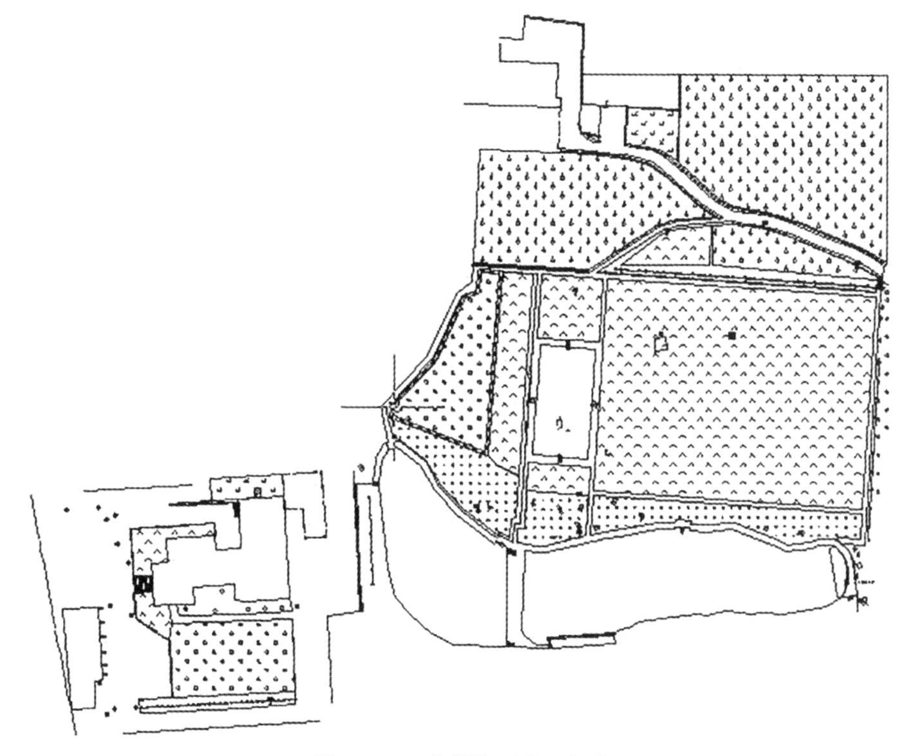

图 3-1-34　待拼接图的一部分

在菜单栏选择【工具】→【插入图块】，进入如图 3-1-35 界面，拼接结果如图 3-1-36 所示。

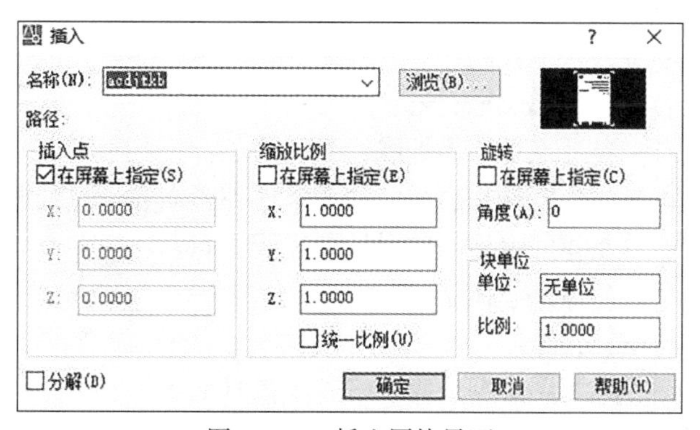

图 3-1-35　插入图块界面

6. 分幅与修饰

实习区域小，不涉及分幅。在实际工作中，拼接好后的地籍图按照大比例尺地籍图分幅原则进行分幅，有正方形(40cm×40cm)分幅或矩形(40cm×50cm)分幅。如果分区施测的地籍图还要进行图幅裁剪，裁剪之后应对图幅边缘的数据进行检查、编辑。按图幅施测的地籍图，应进行接图检查和图边数据编辑，图幅接边误差应符合有关规定。图廓及坐标格网可采用成图软件自动生成，按实际需要对图幅进行整饰。

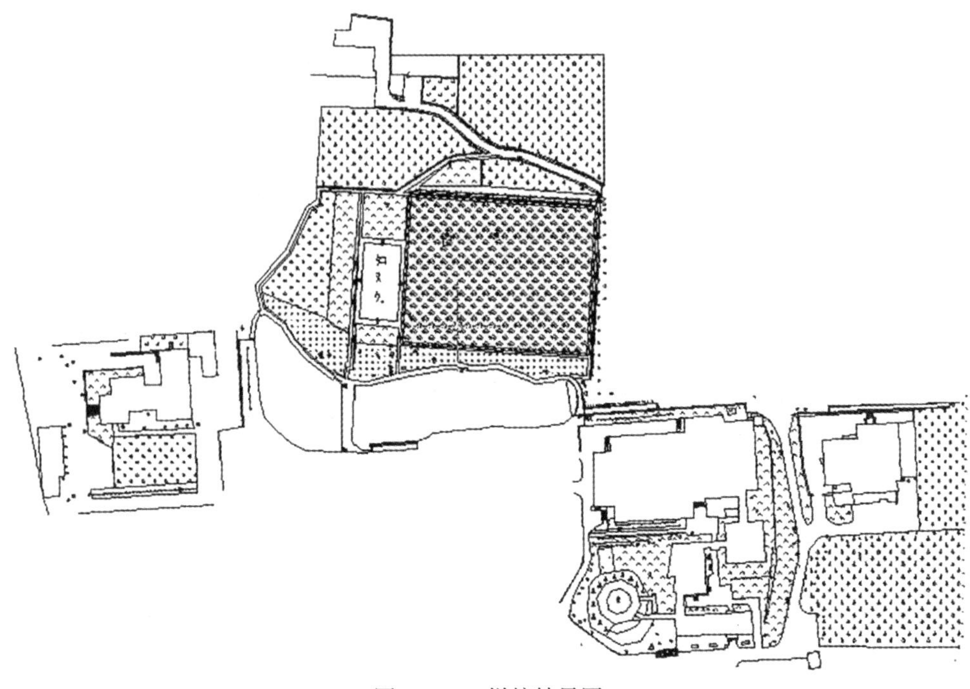

图 3-1-36　拼接结果图

7. 宗地图绘制

以地籍图为基础，利用地籍数据编绘宗地图，根据宗地的大小和形状确定比例尺和幅面。宗地图的内容如下：

(1)宗地所在图幅号、宗地代码；

(2)宗地权利人名称、面积及地类号；

(3)本宗地界址点、界址点号、界址线、界址边长；

(4)宗地内的图斑界线、建筑物、构筑物及宗地外紧靠界址点线的附着物；

(5)邻宗地的宗地号及相邻宗地间的界址分隔线；

(6)相邻宗地权利人、道路、街巷名称；

(7)指北方向和比例尺；

(8)宗地图的制图者、制图日期、审核者、审核日期等。

(五)地籍面积量算

1. 一般要求

面积量算是指水平投影面积量算或椭球面上面积量算，椭球面上面积量算与汇总方法按照《第二次全国土地调查技术规程》(CTD/T 1014)等标准执行。下面简单说明高斯投影面上面积的量算。地籍面积量算项目有县级行政区面积、乡级行政区面积、行政村面积、地籍区面积、地籍子区面积、宗地面积、地类图斑面积、建筑占地面积和建筑面积等，实习面积量算包括宗地面积、地类面积、宗地内建筑占地面积测算，并进行各类面积汇总。

2. 量算方法

地籍面积量算时，根据计算方法不同，可分为几何要素法和坐标法。根据数据获取不同，可分为解析法和图解法，尽量采用解析法，若采用图解法计算宗地面积，应在地籍调查表中注明，另外，使图解法量算面积时要求两次独立量算的较差应满足下述公式：

$$\Delta P \leqslant 0.0003 \times M \times \sqrt{P}$$

式中，ΔP 为面积中误差(m^2)，M 为地籍图的比例尺分母，P 为量算面积(m^2)。

3. 检核

地籍面积控制与量算的原则是“从整体到局部，层层控制，分级量算，块块检核”，按照“整体=各部分之和”分别检验行政区、地籍区、宗地、图斑面积计算结果。

(六)检查验收与成果归档

地籍调查成果实行“三级检查，一级验收”的“三检一验”制度，即作业员的自检、作业队(组)互检、作业单位的专检和国土资源主管部门的验收。“三检”工作由作业单位组织实施，接受县级国土资源主管部门的监督和指导。检查、验收过程应有记录，专检和验收结束后应编写检查(验收)报告。

1. 检查内容

(1)土地权属调查：地籍区、地籍子区的划分是否正确，权源文件是否齐全、有效、合法，权属调查确认的权利人、权属性质、用途、年限等信息与权源材料上的信息是否一致，指界手续和材料是否齐备，界址点位和界址线是否正确、有无遗漏，实地有无设立界标，地籍调查表填写内容是否齐全、规范、准确，与地籍图上注记的内容是否一致，有无错漏，宗地草图与实地是否相符，要素是否齐全、准确，四邻关系是否清楚、正确，注记是否清晰合理。

(2)地籍控制测量：坐标系统的选择是否符合要求；控制网点布设是否合理，埋石是否符合要求；起算数据是否正确、可靠；施测方法是否正确，各项误差有无超限；各种观测记录手簿记录数据是否齐全、规范；成果精度是否符合规定；资料是否齐全。

(3)碎部测量：地籍、地形要素有无错漏；图上表示的各种地籍要素与地籍调查结果是否一致；观测记录及数据是否齐全、规范；界址点成果表有无错漏；界址点、界址边和地物点精度是否符合规定；地籍图精度是否符合规定；图幅编号、坐标注记是否正确；宗地号编列是否符合要求，有无重复和错漏；各种符号、注记是否正确；房屋及地类号、结构、层数、坐落地址等有无错漏；图廓整饰及图幅接边是否符合要求；地籍索引图的绘制是否正确；面积量算方法及结果、分类面积汇总是否正确等。

2. 检查方法

(1)自检：作业员在作业过程中或作业阶段结束时对作业质量的检查，自检率为100%。

(2)互检：互检是下一工序的作业队(组)对上一工序的作业成果进行的全面检查，内业互检率为100%，外业互检率可根据内业检查发现的问题进行有针对性的重点检查，但实际操作的检查比例不得低于30%，巡视检查比例不得低于70%。

(3)专检：专检是由作业单位质量管理机构组织的对成果质量进行的检查，专检率要求内业为100%，外业实际操作的检查比例不低于20%，巡视检查比例不低于40%。专检除按照规定的内容进行检查外，还应检查全检记录、技术方案的执行情况、总结报告、工作报告等是否符合要求。

3. 验收要求

验收人员先进行成果抽检和质量评定。内业随机抽检5%~10%，外业实际操作的抽检比例视内业抽检情况决定，但不得低于5%，根据抽检情况进行质量评定。对抽检发现的问题，作业组应积极采取解决措施，及时进行返工。如果问题较多或较严重，作业组返工后再验收。有下列情况之一的，应评定为不合格：

(1)作业中有伪造成果行为的。

(2)实地界址点设定不正确，比例超过5%的。

(3)控制网点布局严重不合理，或起算数据有错误，或控制测量主要精度指标达不到要求的。

(4)界址点点位中误差、间距中误差超限或误差大于2倍中误差的个数超过5%的。

(5)面积量算错误的宗地数超过5%的。

验收人员应出具验收报告和存在问题的书面处理意见。要求内容具体、表述清晰、数据准确、结论可靠。

4. 成果归档

国土资源主管部门建立地籍调查档案管理制度，明确地籍调查档案整理、归档、管理和使用。在地籍调查工作结束后，对成果资料进行整理归档。

地籍调查成果按照类型分文字、图件、簿册和数据等，文字资料包括工作方案、技术方案、工作报告、技术报告等，图件资料包括地籍工作底图、地籍图、宗地图等，簿册资料包括地籍调查外业记录手簿、地籍控制测量原始记录与平差资料、地籍测量原始记录、地籍调查表册、各级质量控制检查记录资料等。

地籍调查成果按照介质分实物资料和电子数据，电子数据包括地籍数据库、数字地籍图、数字宗地图、影像数据、电子表格数据、文本数据、界址点坐标数据、土地分类面积统计汇总数据等。

成果整理归档就是核查资料是否齐全、是否符合要求，凡发现资料不全、不符合要求的，应进行补充修正。成果资料应按照统一的规格、要求进行整理、立卷、组卷、编目、归档等。

四、成果整理与报告撰写

(一)资料整理

以组为单位，将资料整理好。在资料袋上方标明实习项目名称(时间)、班级(组别)、组长及组员名单(学号)。在资料袋下方逐项填写资料内容。上交资料包括：

(1)地籍调查表；

(2)宗地草图；

(3)图根导线平面图；

(4)图根导线记录手簿；

(5)图根导线计算表；

(6)控制点成果表；

(7)外业草图；

(8)宗地图；

(9)地籍子区地籍图；

(10)外业检查成果；

(11)实习报告。

(二)实习考试

实习结束后，组织考试，对主要实习内容进行考核，可能是实际操作，也可能是笔试。

(三)报告撰写

每人提交一份实习报告，不要抄袭指导书，总结实习认识、实习内容、实习问题及对实习教学提出自己的意见和建议。字数不少于2000字，统一稿纸。

(四)实习总结

实习教师与学生一起座谈，共同讨论每个小组在实习过程中遇到的问题、解决方案、尚存的疑问及对以后实习的建议，老师对实习与考试中存在的共性问题进行总结。

实习二　物(化)探测量实习

一、实习教学大纲

(一)实习简介

物(化)探测量实习教学对象为地球探测科学与技术学院本科生(地球物理学专业、勘查技术与工程专业)，实践环节性质为必修，实习地点在吉林大学兴城实践教学基地，实习时间为暑期，1 周。由测绘工程系负责实习组织与教学。

(二)教学目的与教学任务

1. 教学目的

应用地球物理生产实习——物探测量实习是培养学生实际操作能力的重要环节，是课堂教学的继续。通过实习巩固和深化课堂教学内容，联系实际，培养学生分析问题和解决问题的能力。

2. 教学任务

通过物探测网的布设，了解物探测网布设的工作步骤与方法，学会简单的测网布设、高程测量与联测。

物探测量实习工作通过分组的方式进行，在实习教师的指导下，由各个小组独立完成规定的各项任务：

(1)基线点检核与放样；

(2)采用 RTK 法布设测线；

(3)测网高程测量；

(4)质量检查与精度评定；

(5)成果整理与实习报告编写。

(三)教学内容、要求与时间安排

1. 教学内容

(1)物(化)探工程测量的任务和内容；

(2)物(化)探测网的构成、形式、编号与网度；

(3)物(化)探测网的布设方法；

(4)物(化)探测网的高程测量方法；

(5)物(化)探测网的质量检查及精度评定方法；

(6)物(化)探测网的展绘。

2. 基本要求

(1)了解物(化)探测网布设及高程测量的工作步骤与方法；

(2)掌握用全站仪、RTK 布设基线和测线的方法；

(3)熟悉并掌握物(化)探测网高程测量方法；

(4)掌握测网联测方法；

(5)掌握物(化)探测网的质量检查与精度评定方法;

(6)掌握物(化)探测网的展绘。

3. 时间安排

时间具体安排见表3-2-1。

表3-2-1 **时间安排**

序号	实习项目	内容提要	学时分配	仪器设备	实习地点
1	实习动员与授课	实习前动员、仪器与人员安全介绍，实习内容与仪器操作注意事项讲解	0.5天		兴城教学基地
2	仪器领取与检校	领取仪器并练习仪器的使用方法，水准仪 i 角检校，水准气泡检校，脚架检查，基线、测线设计	0.5天	GNSS接收机、S3型自动安平水准仪及实验备品	兴城教学基地
3	踏勘	了解测区状况，基准坐标位置，基线和测线情况	0.5天	记录本、笔	兴城教学基地
4	布设物探基线	利用RTK布设物探基线，并与已知点联测	1天	GNSS接收机	兴城教学基地
5	布设物探测线	在两条基线对应的基线点之间布设 n 条物探测线	1天	GNSS接收机	兴城教学基地
6	物探网高程测量	四等水准测量进行基线高程测量，等外水准测量进行测线高程测量	1.5天	S3型自动安平水准仪	兴城教学基地
7	观测资料整理与计算	物探网点坐标成果整理，高程计算平差	1天		兴城教学基地
8	物探测网展绘与精度估算	用坐标纸展绘物探测网并进行物探测网的精度估算	1天		兴城教学基地

(四)考核方式及成绩评定

要求学生重视实习，认真完成各环节的训练项目，掌握基本技能和基本方法，提高动手能力和分析问题、解决问题的能力，高质量地完成实习任务。

成绩评定采用百分制。根据学生的实习态度，掌握基本技能、基本方法的情况，实习成果和实习报告情况等综合评定。

(1)实习态度非常认真，很好地掌握了实习要求的基本技能、基本方法，实习报告编写规范，成果完成质量好，成绩记为90~100分。

(2)实习态度比较认真，较好地掌握实习要求的基本技能、基本方法，实习报告编写比较规范，成果完成质量较好，成绩记为80~90分。

(3)实习态度认真，能够掌握实习要求的基本技能、基本方法，实习报告编写比较规范，但内容不够完善，成果完成质量合格，成绩记为70~80分。

(4)实习态度一般，基本掌握实习要求的基本技能、基本方法，实习报告编写比较规范，但内容不够完善，成果完成质量一般。成绩记为60~70分。

(5)三次无故不参加实习活动的，本次实习不记成绩。

(五)参考资料

(1)臧立娟，王凤艳．测量学[M]．武汉大学出版社，2018.

(2)中华人民共和国国家标准．国家三、四等水准测量规范(GB/T 12898—2009)[S]．中华人民共和国国家质量监督检验检疫总局，2009.

(3)中国石油集团东方地球物理勘探有限责任公司测绘工程中心．石油物探测量规范(SY/T5171—2003)[S]．国家经济贸易委员会，2003.

(4)NL32B自动安平水准仪使用说明书.

(5)iRTK智能RTK系统使用说明书.

二、实习安排

(一)实习地点

实习地点在吉林大学兴城实践教学基地。吉林大学兴城实践教学基地以兴城市为中心，东北至葫芦岛市葫芦岛港，西北至葫芦岛市杨家杖子经济开发区，西南至兴城市闻家满族乡，南至兴城市海滨满族乡台里村。实习区总面积可达1500km^2，包括10余条教学实习路线及3个地质填图区，距离吉林大学兴城教学基地直线距离不超过25km，全部有公路相通，交通十分便利。

兴城地区位于华北板块(华北地台)北部燕山台褶带东段，东南为华北断坳(渤海湾盆地)，北邻内蒙地轴。是中生代、新生代时期中国东部大陆边缘活动带组成部分，属太平洋构造域(任纪舜等，1980)。两大构造域交接复合，区域地质构造复杂。兴城地区出露的地层为典型的华北型。地层发育较为齐全，有太古宙岩石单元，中、新元古界，古生界，中生界和新生界地质环境对于物探实习有着得天独厚的优势。

物探测量实习地点为120°47′30.58″E，40°39′40.57″N。实习面积为400m×440m。

(二)实习准备

1. 分组与分工

参加实习的学生共有6个班，约150人，分成12个小组，每组12~14人，选出2名组长，负责小组的实习组织协调。实习区物(化)探网设计有1条基线和12条测线，每组抽签确定测线号，完成物(化)探测量实习工作。每组具体工作任务如下：

(1)踏勘与基线点检核；

(2)采用RTK布设测线点；

(3)采用RTK测量测线点的平面位置和高程(通过实验掌握水准测量法施测测线点高程)；

(4)复测质量检查与精度评定；

(5)成果整理与实习报告编写。

2. 实习备品

包括测绘仪器和工具、控制点布设材料、记录计算用品、资料整理用品等，具体见表3-2-2。

表 3-2-2　　**实习备品**

序号	备品	数量	用途
1	GNSS 接收机及配套设备	1 套	测线点位放样、测量
2	自动安平水准仪及配套脚架	1 套	水准测量
3	双面水准尺	1 对	水准测量
4	尺垫	1 对	水准测量
5	水准测量记录本	1 本	水准测量记录
6	记录板	1 个	测站记录使用
7	3H 铅笔	1 支	记录、计算等
8	木桩	25 个	测点桩
9	斧子	1 把	测线点实地布设工具
10	记号笔	1 支	标记测线号
11	红布条	40 条	测线点标记及指引
12	档案袋	1 个	实习资料整理
13	稿纸	若干	实习报告用纸
14	电脑、计算器、U 盘	实习小组准备	数据处理

注：以上备品中，1~7 项由测绘工程实验中心准备，7~13 项由实习队准备，14 项由小组准备。

(三) 实习资料

实习区物(化)探网设计有 1 条基线和 12 条测线，其中基线点为红色，测线点为黑色。基线点为每条测线 50 号点，基线走向为 127°20′，共 12 个基点，间隔为 40m。测线沿着与基线垂直的方向布设，测点间隔 20m。基线点与测线点分布如图 3-2-1 所示。已知数据为测区内已有基线平面坐标和高程数据，见表 3-2-3。

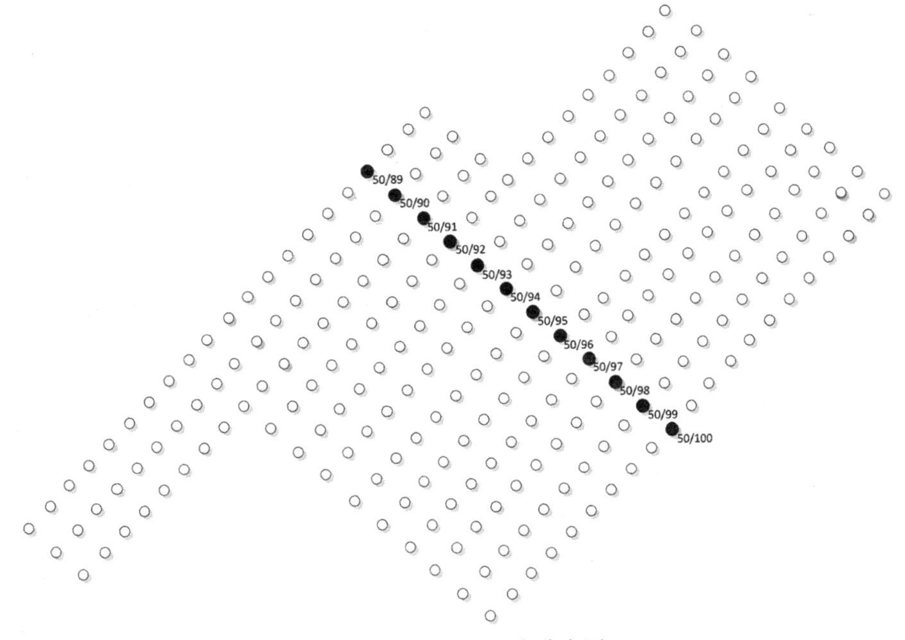

图 3-2-1　基点与测点分布图

已知数据主要为测区内已有基线点的平面坐标和高程，平面坐标采用 CGCS2000 国家大地坐标系，高程为 1985 国家高程基准，测区中央布设一条基线，包含 12 个基点，具体坐标见表 3-2-3。

表 3-2-3 **测区已有控制点成果**

桩号	X(m)	Y(m)	H(m)
50/100	##03207. 509	##7115. 313	87. 252
50/99	##03231. 780	##7083. 509	96. 721
50/98	##03256. 001	##7051. 718	108. 849
50/97	##03280. 261	##7019. 906	121. 591
50/96	##03304. 518	##6988. 097	128. 844
50/95	##03328. 812	##6956. 290	131. 497
50/94	##03353. 047	##6924. 483	133. 932
50/93	##03377. 328	##6892. 696	131. 216
50/92	##03401. 593	##6860. 865	125. 056
50/91	##03425. 838	##6829. 093	116. 608
50/90	##03450. 108	##6797. 319	120. 081
50/89	##03474. 327	##6765. 474	131. 734

三、实习内容

(一)物(化)探网布设

1. 利用地形图或影像布设测网

利用地形图布设测网：该法用于中小比例尺物(化)探测网的布设工作，地形图的比例尺大于物(化)探工作比例尺。先将物(化)探测网展绘到地形图上，在实地应用地形图将测网落实到实地上。

利用正射影像布设物(化)探测网：该法是利用测区内的航片(或遥感影像)建立正射影像图，再将物(化)探测网展绘到正射影像上，然后到实地布点。用正射影像布设测网，定点容易，劳动强度小，节省人力物力，比用地形图布设测网有更大的优越性。但同时也受到图解精度低和有的地貌特征不够明显的限制，有其局限性。所以该法适用于高差不超过 20~50m 的平坦和丘陵地区。该法常用于布设工作比例尺等于或小于 1∶1 万的磁法、激电(面积性)、自电、放射性，重力和化探等工作的测网，适用于平原、丘陵、地物地貌特征明显的地区。如果航摄比例尺大于 1∶1.4 万，放大成 1∶5000 的正射影像，布点时辅以测绳，也可用于 1∶5000 比例尺平面测网的布设。

2. 利用全站仪布设测网

利用全站仪布设测网，适用于大比例尺物化探测网的布设工作。一般先布设基线，再依据测线方位及点距布设测线。

布设基线首先要找到起始点和定向点，将基线各测点坐标输入仪器进行点放样，将基线上各测点位置标记到实地。放线的步骤如下：(以徕卡 TS02 全站仪为例)

(1)新建项目：在起始点位置架设仪器并对中整平，在定向点位置架设棱镜并对中整平，在全站仪中输入建站点坐标及后视点坐标。将已知点坐标输入仪器操作：在主菜单中选择【3. 管理】→【2. 已知点】→【新建】→【输入点名，*y*，*x*，*z*】→【继续】。依次输入建站点的坐标和后视点的坐标及放样点的坐标。

(2)建站：在主菜单中选择【程序】→【1. 已知点建站】，输入测站坐标(如将坐标值提前输入，在已知点中选择建站点的编号)，再输入仪器高和棱镜高，再选择后视点的坐标，瞄准后视点后单击【设置】按钮完成设置。

(3)点放样：在主菜单中选择【程序】→【3. 点放样】。点击【查看】，选择需要放样的点(如果没有，点击 F4 可显示)，根据仪器提示将角度旋转为 0.0000DMS，根据仪器所指角度及 HD 所提示距离将棱镜放置在相应位置上，点击【测量】，再根据测后屏幕提示移远或移近棱镜。直到提示正确为止。点击翻页按钮可切换提示界面，如图 3-2-2 所示。

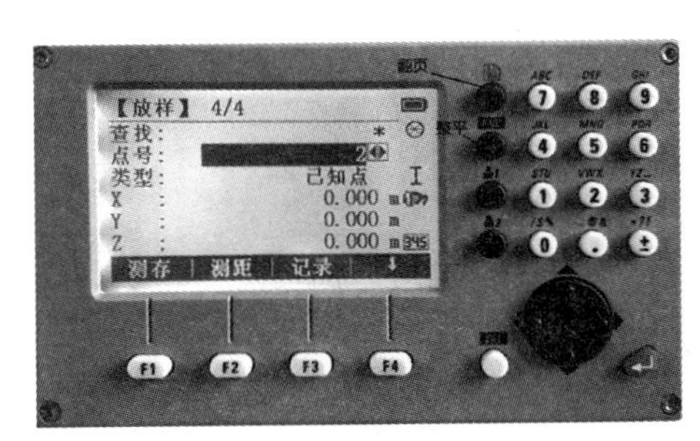

图 3-2-2 全站仪放样界面

3. 采用 RTK 布设物(化)探测网

利用 RTK 法布设测网，是目前物(化)探测网的主要布设方法。

数据准备：主要包括测线设计坐标的计算及坐标数据导入 GNSS 手簿。

(1)测线点设计坐标的计算：根据基线坐标和设计的测线方位角、点距，计算测线点坐标；

(2)测线点设计坐标的存储：将测线点坐标储存成 Excel 的 .csv 格式文件(点名，*X*，*Y*，*H*)；

(3)测线点设计坐标的导入：将设计的各测线点坐标数据文件，利用 GNSS 手簿 Hi-survey road 软件数据交换功能，按照 Excel 的 .csv 格式，选择导入到放样点库中(北坐标 N 对应 *X*，东坐标 E 对应 *Y*，高程 *Z* 对应 *H*)。

点放样：测量前需要设计放样点点位，并且上传需要放样的坐标数据文件至 GNSS 手簿，选择 RTK 手簿中的点位放样功能，现场输入或从预先上传的文件中选择待放样点的坐标，仪器会计算出 RTK 流动站当前位置和目标位置的坐标差值(ΔX，ΔY)，并提示方向，按提示方向前进，即将达到目标点处时，屏幕会有一个圆圈出现，指示放样点和目标点的接近程度。精确移动流动站，使 ΔX 和 ΔY 小于放样精度(10cm)要求时，钉木桩，将对中杆立于桩顶上并测量，仪器会显示出木桩上的平面位置和高程。按同样方法放样其他待定点。GNSS 接收机架设和基准站、流动站设置参考“实验四 GNSS RTK 技术与点位测量”。

利用地形图或航片影像布设测网的精度较低，适合工作比例尺小于 1∶10000 的普查阶段测网布设；利用全站仪、RTK 布设测网的精度较高，适合较大比例尺的普查阶段或详查阶段测网的布设。对于有较少植被覆盖的测区，多采用 RTK 法布设测网。

(二)测线高程测量

根据物(化)探网的工作比例尺、精度要求及地形情况等，可以采用 RTK、水准测量或三角高程测量等方法完成测网的高程测量工作。

1. 水准测量法

基线水准测量采用四等水准测量，一般布设成起闭于同一基线点的闭合水准路线，并与已知水准点联测；测线水准测量采用等外水准测量进行，水准路线布设于两基线点之间，构成附合水准路线，当某些测线点不能连接到附合水准路线中，可通过支水准路线测量求取其高程。

2. RTK 测量法

采用 RTK 放样测点，实地钉立木桩后，采用碎部测量功能进行各测点坐标及高程采集。(参考“实验四 GNSS RTK 技术与点位测量”)

(三)质量检查与精度评定

1. 测网的质量检查

为保证成果质量，在作业中要进行测网布设的质量检查。RTK 布设测网采用以下方法进行质量检查：

(1)对仪器进行一致性检查，即两台流动站测量结果的一致性检查。

(2)对每天测量的点位至少抽取 5%进行复测，以检测测量成果质量。

复测是指观测条件改变以后对已测物理点进行的再次测量，是为了验证测线测量成果可靠性的一种手段，它所反映的是复测成果与原测量(放样)成果差值的大小。

如果差值在允许范围内，说明原来的测量符合要求，测量成果可靠，如果超出了允许范围，则要进行分析，有两种可能，即复测不合格或原来测量不合格。造成这种情况一般有仪器故障、卫星工作不正常、参数错误、仪器初始化错误等原因。如果查明是复测不合格，则纠正错误或排除故障后重新复测。如果查明是原来测量不合格，则需要返测所有与该点同期测量的物理点，进行重新测量。实习采用复测质量检查，复测率 100%。

2. 精度评定

(1)平面精度。

①点位测量精度。物(化)探测网点位测量精度通过对测区测点进行复测，每条测线复测 20 个点位，测区测点的点位测量中误差计算公式如下：

$$M_{测量} = \sqrt{\frac{[dd]}{2n}}$$

式中，d 表示复测点与测点的坐标差，n 为测线点数。

②点位放样精度。当点位测量精度满足要求后，取两次测量点位坐标的均值作为测点的测量坐标，与设计的测点坐标对比，评价物(化)探测网的点位放样中误差。

$$M_{放样} = \sqrt{\frac{[\Delta\Delta]}{n}}$$

式中，Δ 表示放样点位与设计点位之差，n 为测线点数。

(2)高程精度。

①RTK 高程测量。RTK 物(化)探网的高程测量精度，通过初始测量与复测获取的高程之差来计算高程精度。

$$M_H = \sqrt{\frac{[dd]}{2n}}$$

②水准测量。采用水准测量进行物(化)探测网高程测量，精度评定通过计算每公里水准测量全中误差 M_W 来反映。每公里水准测量全中误差 M_W 计算：

$$M_W = \sqrt{\frac{1}{N}\left[\frac{WW}{F}\right]}$$

式中，W 表示附合路线或环线闭合差，单位为 mm；F 为附合水准路线或闭合水准路线的周长，单位为 km，N 为附合及闭合水准路线数。对于单一水准路线，以闭合差的一半作为路线上最弱点(约为路线的中点)的高程中误差。

3. 物(化)探测网的成果展绘

各实习小组成果汇总，按物化探工作比例尺，展绘物(化)探测网的坐标成果。

四、成果整理与报告撰写

根据实习实际完成情况，进行资料的整理，以小组为单位上交实习成果，填好资料袋封面，资料袋上方标明班级、组号(测线号)、组长及组员名单。每人结合实习内容和自己在实习中的工作任务及完成情况等进行总结，撰写实习报告。各组提交资料清单如下：

(1)水准仪 i 角检验记录计算表；

(2)基地内四等水准测量观测手簿；

(3)基地内四等水准测量计算表；

(4)基地内 RTK 放样数据准备(. csv 文件)；

(5)夹山测网 RTK 放样数据准备(. csv 文件)；

(6)夹山测网基线坐标与高程成果表(纸质、Excel 表)；

(7)夹山测网测线坐标与高程成果表(纸质、Excel 表)；

(8)物(化)探测网成果图(略)；

(9)物(化)探测网平面与高程精度指标；

(10)实习报告(字数 2000 字，每人 1 份，包含实习内容概述、心得体会)。

实习三　土木工程测量实习

一、实习教学大纲

(一)实习简介

土木工程测量实习是针对建设工程学院土木工程专业(岩土工程、建筑工程、道桥工程、地下工程等方向)和地质工程专业本科生的实践教学环节。实践环节性质为必修，实习地点在吉林大学前卫校区，实习时间为暑期，2周。

由吉林大学地球探测科学与技术学院测绘工程系负责该实习的教学组织。

(二)教学目的与任务

1. 教学目的

土木工程和地质工程的勘察设计、施工和运营管理阶段都离不开测量工作的支撑。需要应用地球空间(包括地面、地下、水下、空中)具体几何实体测量和抽象几何实体测设的理论方法和技术，来解决工程中的测量问题。实习目的在于巩固"测量学"课堂学习的理论知识，加深对所学测绘知识的理解，熟悉常规测量仪器的使用与操作，使同学们掌握工程测量的基本理论、方法和技术，联系实际，学以致用。

2. 教学任务

"测量学"实践性强，实习是必不可少的教学环节。通过实习，使学生：

(1)理解测量工作从整体到局部、从高级到低级，先控制后细部的工作原则，对小区域测量的组织及实施获得完整系统的概念；

(2)了解测量工作规范和精度要求，掌握每一个工作步骤和测量成果的由来；

(3)能基本掌握常规测量仪器的使用与操作，具有一定的独立工作能力；

(三)教学内容、要求与时间安排

1. 教学内容

(1)控制测量：平面控制测量包括图根导线布设、观测及近似平差计算，按照规范中图根导线技术要求进行；由于地物平面图测绘不需要测细部点高程，所以不进行图根高程控制测量。但是对学生进行四等水准测量训练，包括水准路线布设、观测及近似平差计算。

(2)细部测量：包括外业草图绘制、细部点测量及内业机助成图。

(3)地形图识图应用：以数字地形图应用为主，包括图上量测和图上设计。图上量测内容包括坐标、高程、距离、方位角、面积量测等；图上设计包括在地形图上按设计坡度选定最短路线、绘制断面图、确定汇水范围、场地平整及土方量估算等。

(4)点位放样：采用全站仪极坐标法进行点位放样。步骤包括：放样数据的计算、角度放样、距离放样、标定点位等。

(5)高程放样：采用水准测量法进行高程放样。依据已知水准点，在求取水准仪视线高程后，结合待放样处设计高程，计算放样点处的水准尺读数，然后通过上下移动待放样处水准尺，使读数为计算值时，水准尺零点即为设计高程位置。

(6)实习总结：整理实习资料，总结实习问题，撰写实习报告。

2. 教学要求

使学生理解测绘的基本理论、掌握地形图测绘及工程放样的基本方法和基本技能。

(1)依据工程测量规范进行控制测量、细部测量及工程放样，掌握测量及放样的方法。

(2)根据误差理论与近似平差原理进行测量数据处理，掌握测量计算方法。

(3)规范整理测量成果，按要求撰写实习报告。

(4)培养学生实践能力，学会独立分析问题与解决问题。

3. 时间安排

根据教学内容，教学时间为2周，具体时间安排见表3-3-1。

表3-3-1 **时间安排**

内　容		时间
实习教学讲课		0.5天
仪器借领、检查与练习		0.5天
控制测量	平面控制测量	2天
	高程控制测量	2天
细部测量		2天
点位放样		1天
高程放样		1天
成果整理与报告编写、实习总结		1天
合计		10天

(四)教学过程管理

(1)实习开始：实习动员，布置实习任务，针对实习内容讲述原理、方法及技术要求，强调实习纪律；

(2)实习过程：每天总结前一天的问题，提出当天注意事项；

(3)实习结束：教师及各组代表分别进行实习总结，总结实习成果、存在的问题及收获体会。学生对实习进一步提出意见与建议，为下届实习提供参考。

(五)考核方式及成绩评定

考核要求：学生应重视实习，认真完成各环节的训练项目，掌握基本技能和基本方法，提高动手能力和分析问题、解决问题的能力，要求以小组为单位提交各实习项目的外业观测资料、内业计算成果及实习问题总结，每人撰写一份实习报告。

考核方式：以实验成果和实验报告为基础进行考核，同时参照实习表现。其中实习成果占70%，实习表现占20%，实习报告占10%。

成绩评定：成绩采取“优、良、中、及格、不及格”五分制，具体评定：

(1)能否较好地完成实习任务(70%)；

(2)能否积极主动承担实习任务，并与小组同学有效配合完成工作(10%)；

(3)能否在遇到问题时，提出自己独到理解与解决方法(10%)。

(4)实验成果正确，实验报告内容完整、规范(10%)。

根据以上标准综合量化给出成绩，出现以下情况之一，即为不及格：

(1)没有完成实习任务；

(2)观测成果有伪造现象；

(3)随意旷课三次以上。

(六)参考资料

(1)臧立娟，王凤艳，等. 测量学[M]. 武汉：武汉大学出版社，2018.

(2)中国有色金属工业协会. 工程测量规范(GB 50026—2007)[S]. 中华人民共和国建设部，2008.

二、实习安排

(一)实习地点

实习地点位于吉林大学南校区鼎新广场东南侧区域，整个测区周长约 1.9km，面积约 0.43km^2，以组为单位，划分实习场地，如图 3-3-1 所示。整个测区包含轮滑场、清湖、足球场、篮球场、湖畔餐厅、经信 1 公寓、2 公寓、3 公寓、经信楼等。测区内地势有微小起伏，人工地物包括水域、凉亭、运动场、房屋建筑、绿地、道路等。

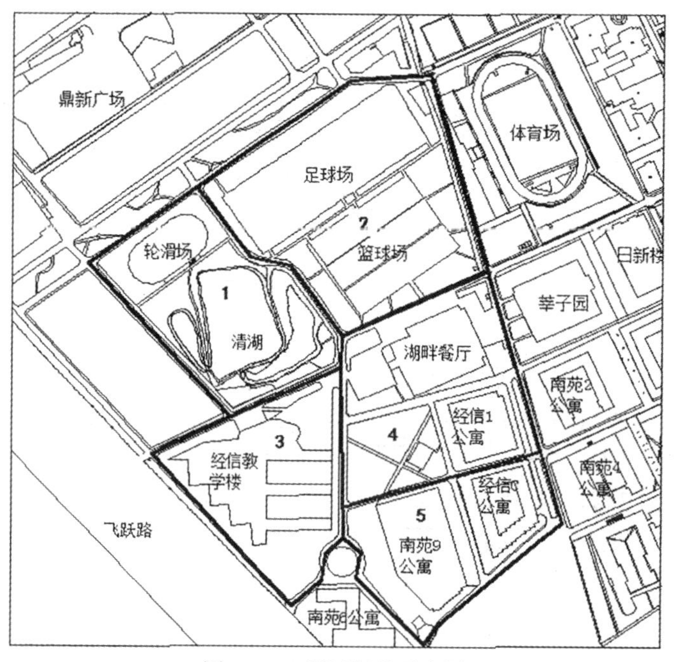

图 3-3-1　测区划分示意图

(二)实习准备

1. 分组与分工

实习对象为土木工程和地质工程专业的本科生，共计10个班，因测量仪器有限，分3个批次开展实习工作。

各批次配备1名指导教师、2名研究生。每批次3~4个班，每班30人左右，分成5组，每组5~6人，并选出正负组长各1名。

(1)指导教师职责：

指导学生按计划完成各项实习内容；培养同学热爱祖国、热爱专业、热爱科学、热爱集体、热爱劳动的道德品质；培养同学的学习热情和实事求是的精神，由于测量工作本身必须要求做到细心和耐心才能保证质量，因此要求同学必须严肃认真和实事求是地对待每一个测量数据；严格要求学生，深入检查学生的学习情况、工作质量、野外记录等；经常对同学进行爱护仪器教育、安全教育，严格防止事故发生。

(2)组长职责：

发挥组长的核心带头作用，认真组织实习活动，确保实习顺利完成。野外工作前做好充分的业务准备和组织准备，人人分工明确，并使小组成员轮换参加各项工作，防止因“赶任务”而出现“分工专业化”的现象发生；领取仪器并分配给专人保管；严格检查和负责保管记录手簿等资料；搞好小组团结，并切实负责小组安全；经常主动向教师汇报实习情况及存在的问题。

各组测区划分如图3-3-1所示，各班测区相同。

2. 实习备品

包括测绘仪器和工具、控制点布设材料、记录计算用品、资料整理用品等，每组领取备品见表3-3-2，测绘工程实验中心按50组准备。

表3-3-2 **实习备品**

序号	备品	数量	用途
1	全站仪及配套设备	1套	控制测量及细部测量
2	GPS(1+2)接收机及附件	每班1套	细部测量
3	自动安平水准仪及配套设备	1套	四等水准测量
4	小钢卷尺	1把	测仪器高
5	锤子	1把	布设控制点
6	自喷漆	1桶	标记点位
7	钢钉	若干	控制点标志
8	2H铅笔	2根	记录、绘图
9	红蓝铅笔	1根	放样标记
10	刀片	1个	削笔文具
11	橡皮	1块	记录、绘图

续表

序号	备品	数量	用途
12	记录板	1个	记录、绘图
13	导线记录手簿	1本	记录
14	水准测量手簿	1本	记录
15	细部测量手簿	1本	记录
16	导线测量计算纸	1页	计算
17	水准测量计算纸	1页	计算
18	档案袋	1个	实习资料整理
19	打印纸	若干	实习报告用纸
20	电脑		计算及绘图

注：以上备品中，1~19项由测绘工程实验中心准备，20项由学生自己准备。

(三)实习资料

实习资料包括测区内已知控制点坐标及其分布，如图3-3-2所示。

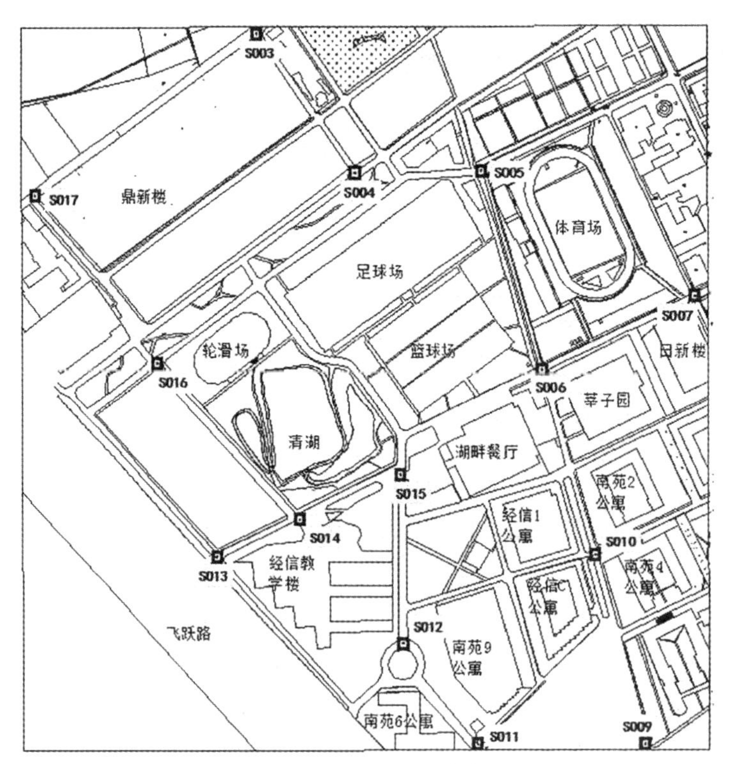

图 3-3-2　测区控制点分布图

测区已知控制点成果见表3-3-3。

表 3-3-3　　已知控制点数据

点号	X(m)	Y(m)	H(m)
S003	##54366.698	##0848.278	238.479
S004	##54187.527	##0933.575	234.226
S005	##54187.071	##1077.690	232.700
S006	##53962.491	##1138.399	231.645
S007	##60921.505	##3767.842	250.440
S009	##53520.347	##1245.248	230.090
S010	##53747.515	##1194.418	230.808
S011	##53535.203	##1044.582	230.153
S012	##53649.188	##0960.027	229.735
S013	##53756.811	##0753.830	229.250
S014	##53806.189	##0851.613	229.449
S015	##53853.039	##0974.904	229.502
S016	##54011.562	##0670.921	231.807
S017	##54174.708	##0556.148	212.967

三、实习内容

(一)控制测量

1. 平面控制测量

采用导线测量方法进行图根平面控制测量。

(1)布设形式：首选双定向附合导线，其次是闭合导线，局部偏僻地方可采用支导线或交会测量，支导线一般不超过 3 站。具体控制网形式根据测区已知控制点分布及测区地形、地物情况确定。

(2)选点、编号及标记：选点时注意通视良好、相邻边长不宜相差过大，便于观测、地表坚实、点位利于保存等情况；在测区内尤其注意避开停车位，也要顾及视线距障碍物的距离不宜过近，以免受旁折光影响，采用电磁波测距注意视线应避开烟囱、散热塔、散热池等发热体及强电磁场。

控制点采用钢钉标志，编号以××××四位表示(图 3-3-3)。为保持校园地面美观，标记时要求：编号字高不超过 10cm，黑粗体，字头朝北镂空喷漆标记到地面上。

(3)外业观测：外业观测主要包括导线边长测量和角度测量。

导线边长用全站仪观测，选择平距测量模式下获取导线点间距离；导线的连接角和转折角测量时，对于附合导线，一般测量导线前进方向的左角。对于闭合导线，一般测量导线的内角，对于支导线，一般测左角和右角。测量的技术指标要求同实验四。

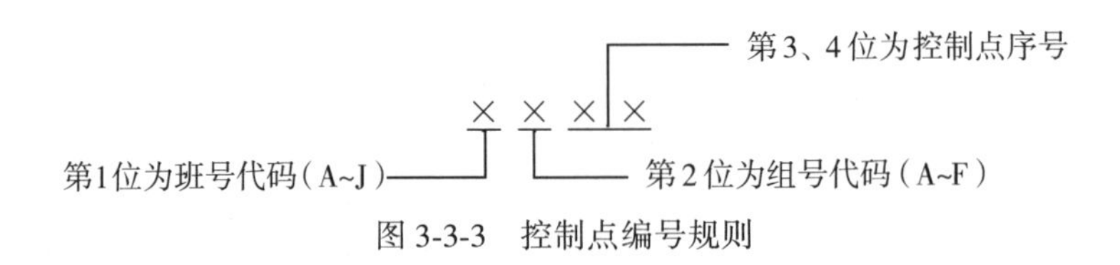

图 3-3-3　控制点编号规则

(4)内业计算：内业计算包括导线略图的绘制、角度闭合差的计算及分配、方位角的计算、坐标增量的计算、坐标增量闭合差的计算及分配、导线点坐标的计算。导线测量内业计算要求及上交成果同实验四。

2. 高程控制测量

采用四等水准测量进行高程控制测量，水准路线应布设成附合或闭合水准路线，根据已知控制点分布情况进行。四等水准测量外业观测、内业计算、技术要求及上交成果与实验五相同。

(二)细部测量

在控制测量的基础上，进行细部测量。细部测量的主要工作是测量能够反映地物和地貌主要特征的细部点的坐标。可以采用全站仪极坐标测量法或 RTK 测量，测量精度相对于图根控制点的点位中误差，对于一般地区不应超过 0. 8mm，对于城镇建筑及工矿区不应超过 0. 6mm，对于水域不应超过 1. 5mm。

1. 特征点选择

凡是能依比例尺表示的地物，则测定其轮廓边界，在轮廓的几何图形中加绘地物属性符号，例如房屋的结构和层数、耕地和树林的种类等符号。一般直线型边界测两端点，弧线型边界测三点，即弧线中点及两端点，曲线边界根据比例尺精度测定曲率变化点(图 3-3-4)。半依比例尺表示的地物，需测定其中心线拐点，例如围墙、篱笆等。选点时注意满足其主线位置的比例尺精度要求。凡是面积较小，不能依比例尺表示的地物，则测定其主点位置，不同地物有不同的主点位置规定，一般来说为其中心位置，然后在中心位置处绘以相应的地物符号，如导线点、水准点、界址点、电线杆、消防栓、水井等。

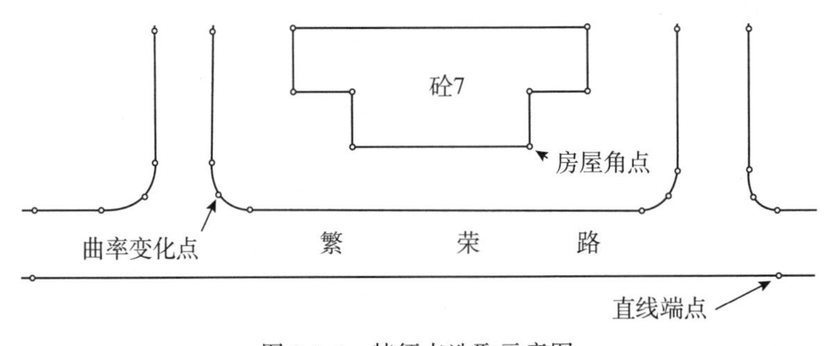

图 3-3-4　特征点选取示意图

综上，通过测定地物几何形状的特征点，例如：地物轮廓的转折点、交叉点、直线端点、曲线上的曲率变化点、独立地物的中心点等，连接相应的特征点，即得到与实际地物相似的图形。

对于不同地物，其特征点选择原则不同，具体见实习一。

2. 外业数据采集

尽量用 RTK 采集细部点，RTK 采集不到数据的细部点则用全站仪极坐标测量法，RTK 采集细部点方法见实验三，下面主要介绍利用全站仪极坐标测量法采集细部点。

全站仪极坐标法测量原理如图 3-3-5 所示。设以控制点 $A(X_A, Y_A, H_A)$ 设站，以控制点 $B(X_B, Y_B, H_B)$ 定向，通过测量斜距 S_{AP}、天顶距 V_{AP} 和水平角 β，求取 P 的三维坐标。

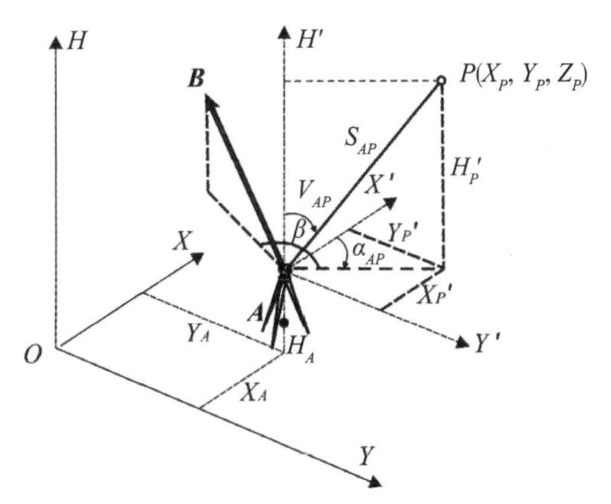

图 3-3-5 全站仪极坐标法采集细部点坐标原理图

目标点相对于全站仪横轴中心的“测站独立坐标系”的三维坐标为：

$$\begin{cases} X'_P = S_{AP} \cdot \sin V_{AP} \cdot \cos\alpha_{AP} \\ Y'_P = S_{AP} \cdot \sin V_{AP} \cdot \sin\alpha_{AP} \\ H'_P = S_{AP} \cdot \cos V_{AP} \end{cases}$$

式中，$\alpha_{AP}=\alpha_{AB}+\beta$，设仪器高为 i，P 点的目标高为 v，则目标点 P 的测量坐标为：

$$\begin{cases} X_P = X_A + X'_P = X_A + S_{AP} \cdot \sin V_{AP} \cdot \cos\alpha_{AP} \\ Y_P = Y_A + Y'_P = Y_A + S_{AP} \cdot \sin V_{AP} \cdot \sin\alpha_{AP} \\ H_P = H_A + H'_P + i - v = H_A + S_{AP} \cdot \cos V_{AP} + i - v \end{cases}$$

上述坐标计算方法可通过全站仪测量程序完成。只是需要在观测前，先将测站点 A 和定向点 B 的坐标输入全站仪，然后进入细部点观测，仪器自动累加细部点点号，直接观测数据为斜距 S、天顶距 V、水平角 β，在坐标测量模式下全站仪会自动计算坐标。以 LeicaTS02 全站仪为例，操作包括：①作业设置；②已知点设置；③细部点测量；④数据传输。最后，导出并编辑为 .dat 格式文件，具体操作同实习一。

3. 外业草图绘制

在实测的过程中，画草图记录所测细部点的点号、相对位置及属性信息，作为内业绘图参照。要求按测站绘制草图，绘图员要在草图上标注出所测点的点号和属性信息，在测量过程中绘图员要和测量员及时联系，保证同一点的测点编号与仪器记录的点号一致。绘制草图宜简化表示地形要素的位置、属性和相互关系，从而缩短了野外作业时间，但内业编辑会占用较多时间，出错时需要到实地检查和更正。

4. 计算机制图

全站仪与计算机联机，将原始数据文件中的地形测量数据(点号、三维坐标、属性编码)转存至计算机，并转换成软件默认的数据文件格式，数据量较少时也可采用键盘输入。对于地形测量数据，可增删和修改测点的编码、属性和信息排序等，但不得修改测量数据。

应用南方测绘公司成图软件系统 CASS 进行内业成图，具体包括：①导入 .dat 格式测量文件；②绘平面图；③绘等高线；④分幅与修饰；⑤编辑检查等，具体内容可查看 CASS 软件使用说明书。详细操作见实习一。

测区 3、4 地物平面图如图 3-3-6 所示。

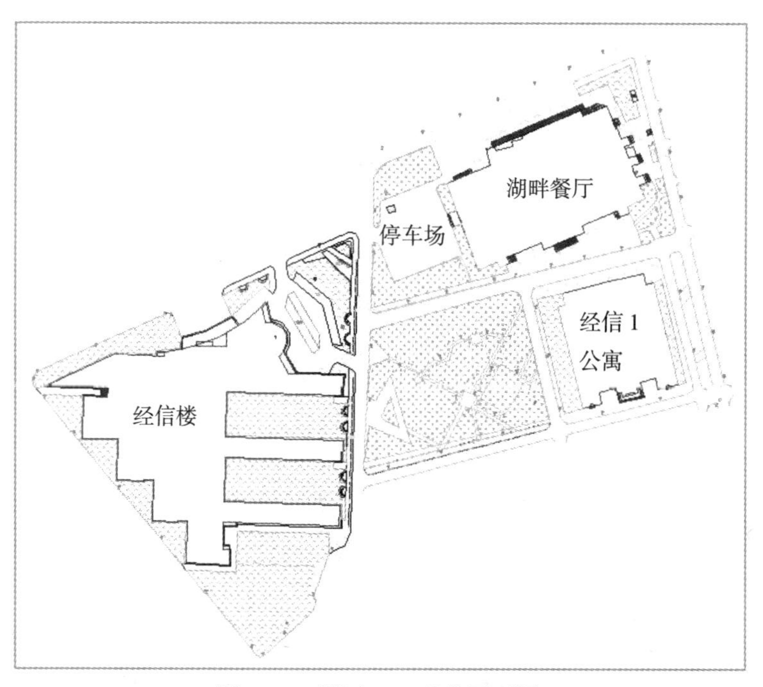

图 3-3-6　测区 3、4 地物平面图

(三)点位放样

在施工测量中，需要将设计的建(构)筑物的形状、大小在实地标定出来，这就需要放样建筑物的特征点，如矩形建筑物的角点、圆形建筑物的圆心、线形建筑物的转折点

等。因此，点位放样是建(构)筑物放样的基础。

点位放样是根据已有的控制点(两个及以上)，在地面上放样设计点的平面位置，使这些点的坐标为设计坐标。根据设计点位与已有控制点间的位置关系、施工现场的作业条件及使用的仪器等，点位放样方法分为极坐标法、直角坐标法、方向线交会法、角度交会法、距离交会法、坐标测量法等。随着全站仪和 GNSS 的出现，测量人员能够直接获取置镜点或 GNSS 流动站的坐标，从而可以实现实时、快速的点位放样。

在本实习中，采用全站仪极坐标测量法进行点位放样，以下主要是对该方法的介绍：

1. 放样数据的计算

极坐标法放样是通过放样一个水平角和一个距离来放样点位的。也就是说，角度和距离的放样是极坐标法放样的基本操作。如图 3-3-7 所示，设 A、B 为已知控制点，P 为待放样点。根据 A、B 的已知坐标(X_A，Y_A)、(X_B，Y_B)和 P 的设计坐标(X_P，Y_P)，计算极坐标法点位放样的放样数据 β 和 S。

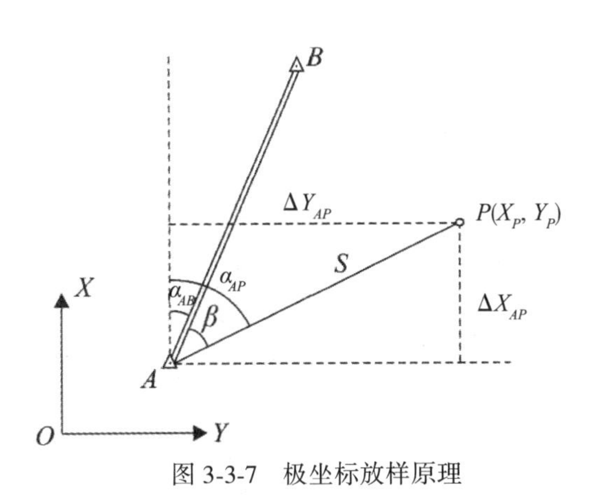

图 3-3-7　极坐标放样原理

设以 A 为测站点，B 为定向点，通过放样角度 β 和距离 S，实现 P 点的点位放样。为计算放样角度，首先应计算方位角 α_{AP} 和 α_{AB}：

(1)当 $\Delta X_{AP}=0$ 时，$\alpha_{AP}=\begin{cases}90°，\Delta Y_{AP}>0\\270°，\Delta Y_{AP}<0\end{cases}$

(2)当 $\Delta X_{AP}\neq 0$ 时，设 $\alpha_0=\arctan\dfrac{\Delta Y_{AP}}{\Delta X_{AP}}=\arctan\dfrac{Y_P-Y_A}{X_P-X_A}$，

$$\text{则}\quad \alpha_{AP}=\begin{cases}\alpha_0，\Delta X_{AP}>0，\Delta Y_{AP}>0，\text{即 }\alpha_{AP}\text{在第一象限}\\ \pi/2，\Delta X_{AP}>0，\Delta Y_{AP}=0\\ \pi+\alpha_0，\Delta X_{AP}<0，\Delta Y_{AP}\neq 0，\text{即 }\alpha_{AP}\text{在第二或第三象限}\\ 3\pi/2，\Delta X_{AP}<0，\Delta Y_{AP}=0\\ 2\pi+\alpha_0，\Delta X_{AP}>0，\Delta Y_{AP}<0，\text{即 }\alpha_{AP}\text{在第四象限}\end{cases}$$

同理，求取 α_{AB}，则点位放样数据可计算为：

$$\begin{cases}\beta = \alpha_{AP} - \alpha_{AB} \\ S = \sqrt{(X_P - X_A)^2 + (Y_P - Y_A)^2}\end{cases}$$

也可用 $S = \dfrac{\Delta X_{AP}}{\cos\alpha_{AP}} = \dfrac{\Delta Y_{AP}}{\sin\alpha_{AP}}$ 进行计算检核。

2. 放样步骤

极坐标法放样 P 点时，将全站仪安置在 A 点，以 B 点定向，放样角度 β，得一方向线，在此方向线上放样距离 S，就可以得到设计点 P，用标桩固定。在实际作业时，为提高 P 点的放样精度，还可以采用一测回或多测回放样。

3. 点位放样实习场地及数据

点位放样实习场地在湖畔餐厅西侧停车场，如图 3-3-8 所示。

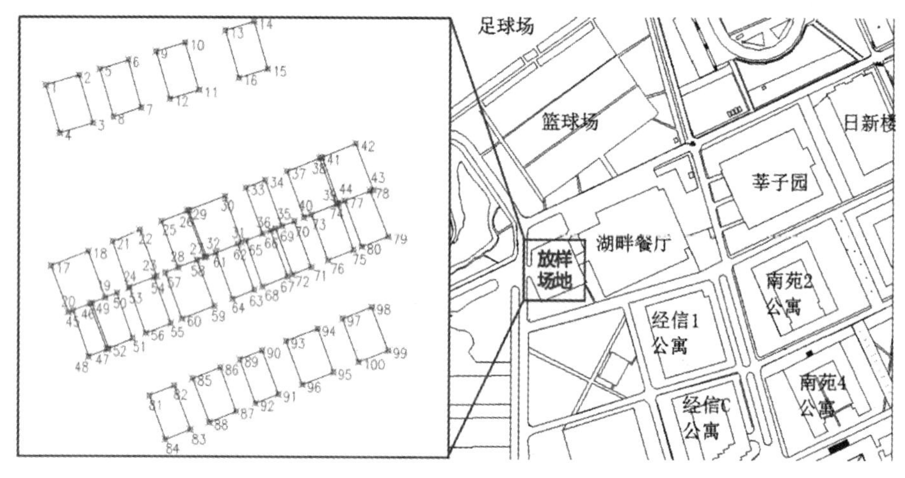

图 3-3-8　点位放样实习场地及放样点分布

每组给定四个待放样点坐标，见表 3-3-4。要求各小组根据给定的待放样点坐标，自主选择放样场地附近的控制点，完成点位放样工作。各组点位放样成果可以通过量测放样点间距离进行检核，如图 3-3-9 所示。

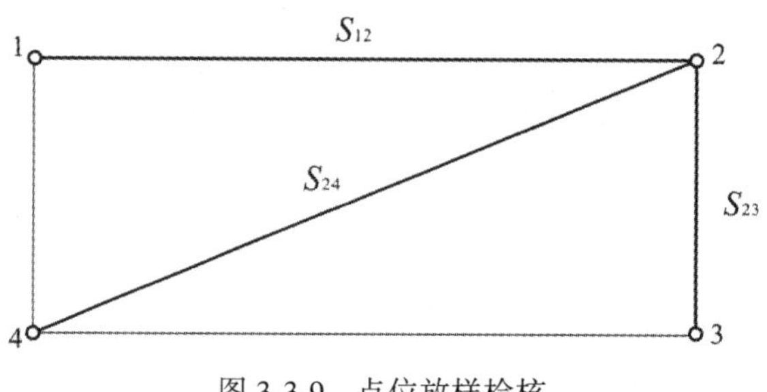

图 3-3-9　点位放样检核

表 3-3-4　　　　**各组待放样点坐标表**

组号	点号	X(m)	Y(m)	点号	X(m)	Y(m)
1	1	##53856. 148	##0984. 737	3	##53852. 263	##0989. 729
	2	##53857. 183	##0988. 236	4	##53851. 226	##0986. 230
2	5	##53857. 834	##0990. 435	7	##53853. 855	##0995. 096
	6	##53858. 772	##0993. 604	8	##53852. 915	##0991. 927
3	9	##53859. 677	##0996. 662	11	##53855. 684	##1001. 262
	10	##53860. 597	##0999. 771	12	##53854. 756	##0998. 155
4	13	##53861. 857	##1004. 023	15	##53857. 875	##1008. 653
	14	##53862. 784	##1007. 164	16	##53856. 935	##1005. 516
5	17	##53837. 531	##0985. 355	19	##53834. 275	##0991. 098
	18	##53839. 044	##0989. 265	20	##53832. 76	##0987. 189
6	21	##53840. 053	##0991. 871	23	##53836. 491	##0996. 81
	22	##53841. 256	##0994. 978	24	##53835. 286	##0993. 704
7	25	##53842. 148	##0997. 282	27	##53838. 457	##1001. 877
	26	##53843. 218	##1000. 047	28	##53837. 385	##0999. 114
8	29	##53843. 293	##1000. 24	31	##53840	##1005. 856
	30	##53844. 759	##1004. 026	32	##53838. 532	##1002. 07
9	33	##53845. 649	##1006. 326	35	##53841. 694	##1010. 222
	34	##53846. 45	##1008. 394	36	##53840. 893	##1008. 155
10	37	##53847. 352	##1010. 727	39	##53843. 953	##1016. 045
	38	##53848. 704	##1014. 219	40	##53842. 599	##1012. 554
11	41	##53848. 804	##1014. 475	43	##53845. 484	##1019. 992
	42	##53850. 23	##1018. 16	44	##53844. 052	##1016. 302
12	45	##53832. 946	##0987. 672	47	##53828. 926	##0991. 296
	46	##53833. 642	##0989. 465	48	##53828. 173	##0989. 352
13	49	##53833. 719	##0989. 664	51	##53830. 061	##0994. 222
	50	##53834. 777	##0992. 391	52	##53829. 003	##0991. 495
14	53	##53835. 343	##0993. 85	55	##53831. 663	##0998. 354
	54	##53836. 38	##0996. 523	56	##53830. 626	##0995. 681
15	57	##53836. 844	##0997. 72	59	##53833. 432	##1002. 92
	58	##53838. 152	##1001. 087	60	##53832. 127	##0999. 552

续表

组号	点号	X(m)	Y(m)	点号	X(m)	Y(m)
16	61	##53838. 907	##1003. 039	63	##53835. 126	##1007. 288
	62	##53839. 845	##1005. 456	64	##53834. 189	##1004. 871
17	65	##53840. 187	##1006. 336	67	##53836. 499	##1010. 831
	66	##53841. 219	##1008. 998	68	##53835. 467	##1008. 169
18	69	##53841. 422	##1009. 521	71	##53837. 476	##1013. 351
	70	##53842. 197	##1011. 518	72	##53836. 702	##1011. 354
19	73	##53842. 894	##1013. 316	75	##53839. 265	##1017. 964
	74	##53843. 986	##1016. 131	76	##53838. 173	##1015. 149
20	77	##53844. 322	##1016. 998	79	##53840. 667	##1021. 581
	78	##53845. 358	##1019. 667	80	##53839. 601	##1018. 831
21	81	##53824. 171	##0996. 061	83	##53820. 708	##1000. 491
	82	##53825. 209	##0998. 737	84	##53819. 67	##0997. 815
22	85	##53825. 965	##1000. 688	87	##53822. 592	##1005. 349
	86	##53827. 093	##1003. 595	88	##53821. 464	##1002. 441
23	89	##53827. 923	##1005. 734	91	##53824. 363	##1009. 913
	90	##53828. 863	##1008. 16	92	##53823. 422	##1007. 488
24	93	##53829. 85	##1010. 705	95	##53826. 649	##1015. 809
	94	##53831. 15	##1014. 055	96	##53825. 349	##1012. 459
25	97	##53832. 206	##1016. 78	99	##53828. 909	##1021. 635
	98	##53833. 409	##1019. 881	100	##53827. 706	##1018. 534

(四)高程放样

在施工中经常要进行高程放样，如场地平整、基坑开挖、建筑物地坪高程确定、隧道底板高程标定、线路按设计坡度放样等。高程放样是根据附近已知水准点，在给定点位上标出设计高程位置。主要采用水准测量法和不量高全站仪垂距测量法。

实习采用水准测量法，具体介绍如下：

1. 放样数据准备

设有地面水准点 A，其高程已知，为 H_A，待定点 B 的设计高程为 H_B，要求在实地定出与该设计高程 H_B相应的高程位置。

如图 3-3-10 所示，在 A、B 两点之间安置水准仪，a 为已知水准点上的水准尺读数，则仪器视线高程为 $H_i=H_A+a$，欲在 B 处放样设计高程 H_B，则 B 处的水准尺读数应为：

$$b = H_i - H_B = H_A + a - H_B$$

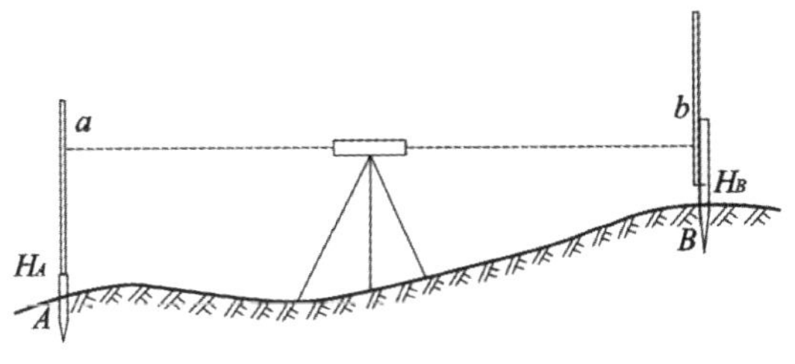

图 3-3-10　一般法高程放样

2. 放样步骤

在 A、B 两点之间安置水准仪，后视已知高程点 A 处水准尺，获取读数 a，计算 B 处水准尺读数 b，在 B 处上下移动水准尺，直至读数为 b 时，则水准尺底部零点位置即为设计高程 H_B 的位置，作上标记。

3. 高程放样实习场地及数据

高程放样实习场地位于经信楼北侧和东侧，每组给定一处待放样高程点位置，如图 3-3-11 所示，各组分别在待放样高程点处放样三个高程位置，要求各小组根据给定的待放样高程点位置，自主选择高程放样的控制点，完成高程放样工作。各组高程放样成果可以通过量测三个高程位置的距离进行检核。

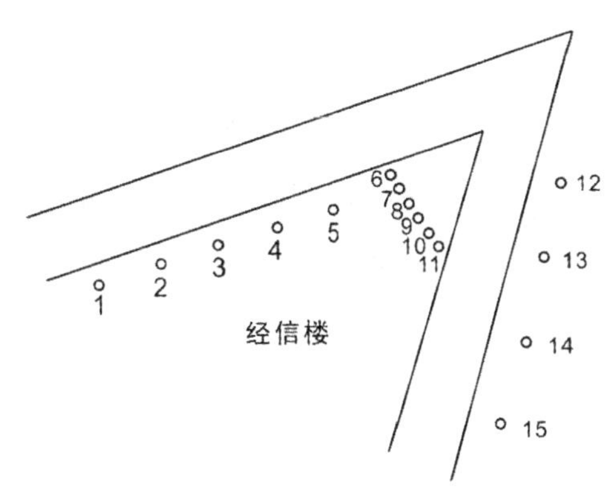

图 3-3-11　各组高程放样位置分布示意图

各组高程放样数据见表 3-3-5。

表 3-3-5　**各组高程放样数据表**

组号	H_1(m)	H_2(m)	H_3(m)
1	229.5	229.6	229.7
2	230.015	230.085	230.245
3	230.015	230.085	230.245
4	229.8	229.9	230

续表

组号	H_1(m)	H_2(m)	H_3(m)
5	229.9	230	230.1
6	230	230.1	230.2
7	230	230.1	230.2
8	230	230.1	230.2
9	230	230.1	230.2
10	230	230.1	230.2
11	230	230.1	230.2
12	230	230.1	230.2
13	230	230.1	230.2
14	230	230.1	230.2
15	230	230.1	230.2

四、成果整理与报告编写

(一)成果资料整理

以组为单位，将资料整理好装入档案袋。在资料袋上方标明实习名称、时间、班级(组别)、组长及组员名单(学号)。在资料袋下方逐项填写资料内容。上交资料包括：

(1)图根导线平面图；

(2)图根导线记录手簿；

(3)图根导线计算表；

(4)四等水准测量记录手簿；

(5)四等水准测量计算表；

(6)控制点成果表(坐标和高程)；

(7)细部测量草图；

(8)分组地物图；

(9)点位放样准备数据计算图表；

(10)点位放样数据检核图表；

(11)高程放样数据准备表；

(12)高程放样数据检核图表。

(二)实习问题总结

实习结束后，进行课堂总结，每组交流自己组在实习过程中遇到的问题、解决方案、尚存的疑问以及对以后实习的建议。

（三）实习报告撰写

要求每人撰写1份实习报告，统一报告格式，字数不少于2000字。主要内容包括实习目的要求、内容概述、实习体会和对实习教学的意见和建议。

第四部分　开放性创新实验

实验一　基于串口通信的激光雷达控制程序开发

计算机与计算机或计算机与终端之间的数据传送可以采用串行通信和并行通信两种方式。由于串行通信方式具有使用线路少、成本低，特别是在远程传输时，避免了多条线路特性的不一致而被广泛采用。在串行通信时，要求通信双方都采用一个标准接口，使不同的设备可以方便地连接起来进行通信。RS-232-C 接口(又称 EIA RS-232-C)是目前最常用的一种串行通信接口。它是在 1970 年由美国电子工业协会(EIA)联合贝尔系统、调制解调器厂家及计算机终端生产厂家共同制定的用于串行通信的标准。它的全名是“数据终端设备(DTE)和数据通信设备(DCE)之间串行二进制数据交换接口技术标准”，该标准规定采用一个 25 个脚的 DB25 连接器，对连接器的每个引脚的信号内容加以规定，还对各种信号的电平加以规定。

随着计算机技术尤其是单片微型机技术的发展，人们已越来越多地采用单片机来对一些工业控制系统中如温度、流量和压力等参数进行检测和控制。PC 机具有强大的监控和管理功能，而单片机则具有快速及灵活的控制特点，通过 PC 机的 RS-232 串行接口与外部设备进行通信，是许多测控系统中常用的一种通信解决方案。因此，如何实现 PC 机与单片机之间的通信具有非常重要的现实意义。此外，在测量仪器中激光雷达可以获取高精度距离，其控制技术已经成熟。对激光雷达控制和数据传输具有很高的研究价值。例如：三维激光扫描仪、激光测距仪、全站仪等都有着广泛应用。通过实验，学生可以对感兴趣的内容进行深入思考和分析，进一步提升专业水平和拓展专业领域。

一、实验目的与任务

实验目的：在于使学生掌握基于串口通信的激光雷达控制程序开发的技术方法，而且在实验过程中，能够对某些感兴趣问题进行深入探索，为深入了解仪器构造和运行机制打下基础。另外，在实验过程中，力求以学生为主体，对学生从构思、设计、实现及运作的系统训练，有效地培养学生自主学习能力，激发创新意识，提高创新技能，培养创新素质。

实验任务：以三维激光雷达控制进行实验，包括串口通信、数据采集、数据记录、数据解算和保存等。要求自主设计实验方案、自主获得实验数据、自主分析实验结果、自主管理实验过程、自主撰写实验报告。

二、实验内容

(1)基于文献阅读，学习串口通信和数据处理方法，并进行方案设计。

(2)学习 VB 或 C#编程语言，进行串口编程和距离解算处理。

(3)建立程序界面和各功能设计，实现激光雷达控制和数据输出。

三、实验原理

利用基于 RS232 串口通信的方式实现激光雷达的系统控制和数据采集功能，利用串口通信系统的简单易用、高效灵活的特性，满足 LiDAR 采集系统的需求，并实现 LiDAR 系统大量数据的高速传输和实时系统控制。

四、实验方法

(一)了解实验内容

通过与指导教师沟通，了解实验内容。

(二)自主设计实验方案

基于资料阅读，构思实验方案，设计技术路线，与指导教师讨论。

(三)获取实验数据

(1)激光雷达硬件参数见表 4-1-1。

表 4-1-1　**UTM-30LX 2 维激光扫描测距仪参数**

名称	参　数
电源	12VDC±10%(消耗电流：Max：1A，典型：0.7A)
激光光源	半导体激光二极管(λ=785nm)，激光安全等级 1(FDA)
测量距离	0.1 to 30m，Max.60m，270°
精度	0.1 to 10m：±30mm；10 to 30m：±50mm
角度分辨率	0.25°(360°/1440 steps)
扫描时间	25msec/scan
噪音	<25dB
接口	USB2.0(全速)
同步输出	NPN 开集电极
指令系统	专用指令 SCIP Ver.2.0
连接	电源和同步：2m flying lead wire；USB：2m 电缆，A 型联接器
环境温湿度	-10 to +50 degrees C，<85%RH(无凝露)
振动	双振幅 1.5mm 10 to 55Hz，每轴 2 个小时
冲击	196m/s^2，10 次，X，Y，Z 方向
重量	约 370g(包括电缆)

(2)激光雷达控制主要包括以下步骤：

①串口界面设计：

打开串口、配置串口、读写串口、关闭串口。串口参数包括通信端口，串口通信参数(波特率、奇偶校验、数据位、停止位)，接收缓冲区的字节数，传输缓冲区的字节数。测量指令的发送与进制转换，数据读取与保存。

②数据采集界面设计：

新建工程，将窗口标题栏改为“数据采集与处理软件”，窗体颜色选择“&H000080FF&”。插入标签 label，内容为“串口”，字体为“宋体”，字号为“五号”，“黑色”。并能自动缩放调整大小，背景为透明。插入下拉列表框，例如插入列表框 ComboBox1，list 属性为 com1。插入按钮，例如插入按钮 Command，内容为“打开串口”，字体为“宋体”，字号为“五号”，颜色为黑色。插入文本框 text，设置垂直滚动条。界面布局设计用到的工具如图 4-1-1 所示，VB 常用属性见表 4-1-2。

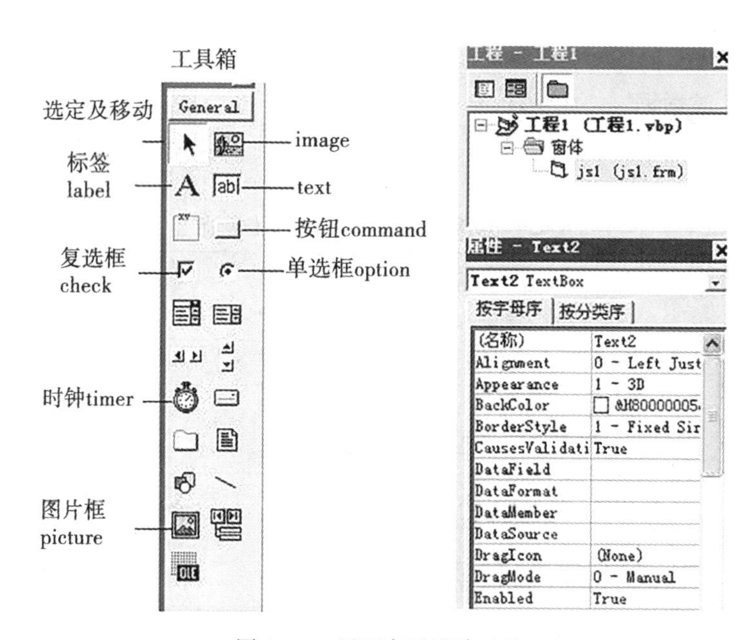

图 4-1-1　界面布局设计工具

菜单编辑，进入【工具】菜单→【菜单编辑器】，打开菜单编辑器。在打开的菜单编辑器中按照如图 4-1-2 和图 4-1-3 所示创建菜单。

注意：窗口菜单下的文件信息菜单项是样板菜单，去除“可见”复选框中的勾，并将其索引设为 0，将其变为菜单数组。

关闭菜单编辑器，创建的菜单如图 4-1-4 所示。

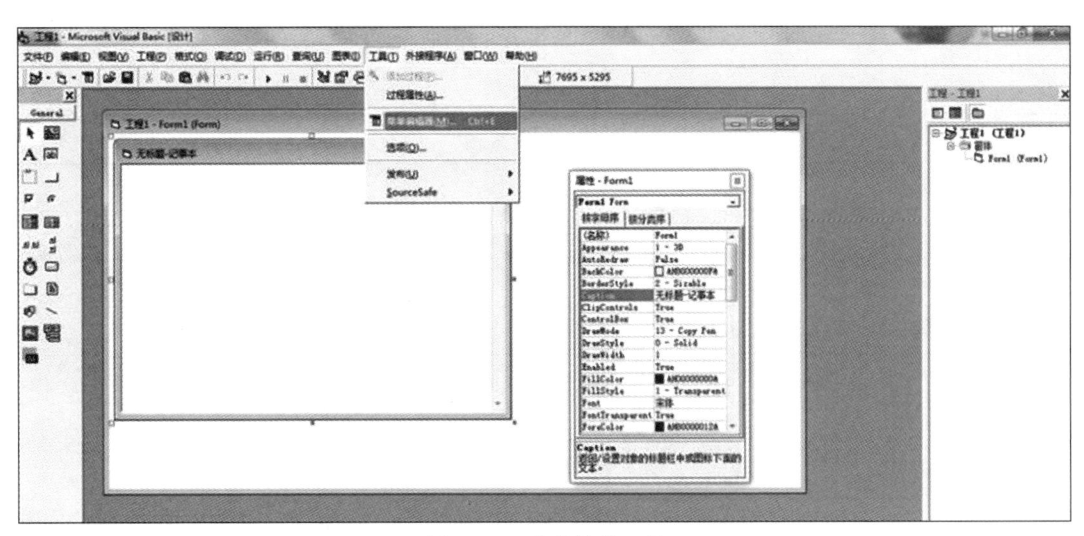

图 4-1-2 菜单编辑工具

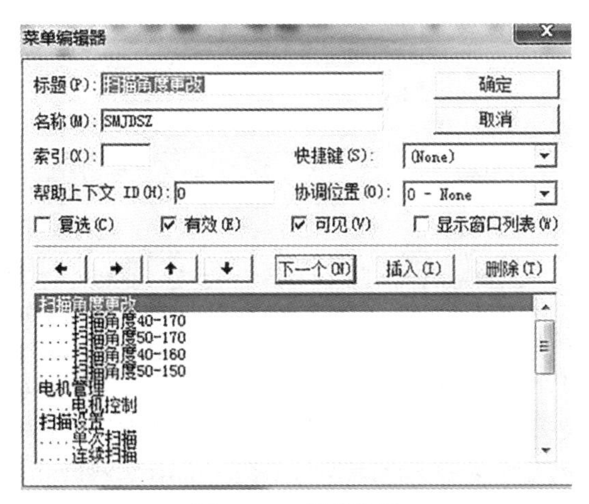

图 4-1-3 菜单设置

图 4-1-4 数据采集软件界面

表 4-1-2　　**VB 常用属性**

名称	(名称)	属　性
对齐方式	Alignment	Left　right　center
自动缩放	autosize	
背景色	Backcolor	
背景式样	backstyte	0 透明　1　不透明
文字内容	Caption	窗体标题栏上的内容、标签的内容等
字体	font	
字色	forecolor	
文本框的内容	Text	
大小	Height	高度
	Width	宽度
位置	Left	距左
	Top	距顶
单选按钮	Value	True
复选框	Value	Checked
滚动条	Mutiline	允许多行显示
	Scrollbars	0 无　1 水平　2 垂直　3 二者

界面设计完成后，将激光雷达的串口参数和设计的串口相匹配(波特率、奇偶校验、数据位、停止位)，设置扫描范围 0°~270°之间，利用代码发送测量指令，控制激光雷达进行扫描操作。将原始数据显示于界面指定区域 text1 中，然后实时将原始数据写入文件保存，并清空显示区以防止采集数据丢失。原始数据获取如图 4-1-5 所示，测量指令发送代码如下：

```
TxtSend. Text="MD0"+Text3. Text+"0"+Text4. Text+"01001"+vbCrLf
Private Sub DCSM_Click()
On Error GoTo Err
    If MSComm. PortOpen = True Then    '如果串口打开了,则可以发送数据
        If TxtSend. Text = "" Then    '判断发送数据是否为空
MsgBox "发送数据不能为空", 16, "激光器控制软件"    '发送数据为空则提示
        Else
MSComm. InputMode = comInputModeText    '文本发送
MSComm. Output = Trim(TxtSend. Text)    '发送数据
ModeSend = False    '设置文本发送方式
        End If
```

```
    Else
MsgBox "串口没有打开,请打开串口", 48, "激光器控制软件"    '如果串口没有被打开,提示打开串口
    End If
Err:
End Sub
```

数据保存代码样例:

```
Dim a as string
a = Mid(TxtReceive. Text, 1, Text12. Text)
    Open Text11. Text & "\" + Text10. Text + ". doc" For Append As #1
    Print #1, a
    Close #1
TxtReceive. Text = Replace(TxtReceive. Text, a, "")
```

图 4-1-5　原始数据获取界面

五、实验报告

报告内容要体现从构思、设计、实现及运作方面的系统训练，实验报告包括实验步骤中各环节的成果，并详细说明实验中存在的问题，尤其对有必要进一步思考与探讨的内容说明清楚，以备在以后学习和工作中解决。要求实验数据必须采用科学方法获得，真实可靠。

以小组为单位提交实验报告。如果对自己感兴趣的内容进行了深入探索，学生自己可根据实际情况另写一份实验报告。

实验二　激光雷达原始数据解算和点云输出程序开发

激光雷达测量数据是将距离信息多次加密的字符串，数据处理是将激光雷达的加密字符按照编码原理解密获得距离信息，并结合电控平台参数进行后期处理获得单站点云数据。数据处理过程包括：原始数据分析、距离解算、坐标系设定、点云输出及显示。通过实验，学生可以对感兴趣的内容进行深入思考和分析，进一步提升专业水平和拓展专业领域。

一、实验目的与任务

实验目的：使学生掌握激光雷达测距原理和技术方法，而且在实验过程中，能够对某些感兴趣问题进行深入探索，为深入了解仪器构造和运行机制打下基础。另外，在实验过程中，力求以学生为主体，对学生从构思、设计、实现及运作的系统训练，有效地培养学生自主学习能力，激发创新意识，提高创新技能，培养创新素质。

实验任务：对三维激光雷达数据解算过程进行实验，主要内容包括原始数据分析、距离解算、坐标系设定、点云输出和保存等。要求自主设计实验方案、自主获取实验数据、自主分析实验结果、自主管理实验过程和自主撰写实验报告。

二、实验内容

(1)基于文献阅读，学习数据处理方法，并进行方案设计。

(2)学习 VB 或 C#编程语言，进行距离解算和坐标输出。

(3)建立程序界面和各功能设计，实现激光雷达数据读取、处理、成果输出。

三、实验原理

激光器测量原始数据是将距离信息多次加密的字符串，数据处理是将激光雷达的加密字符按照编码原理解密获得距离信息，并结合电控平台参数进行单站点云输出。

四、实验方法

(一)了解实验内容

通过与指导教师沟通，了解实验内容。

(二)自主设计实验方案

基于资料阅读，构思实验方案，设计技术路线，并与指导教师讨论。

(三)自主选择编程语言处理实验数据

1. 数据结构说明

数据的前 5 行包含指令、指令验证和时间戳信息。包含距离信息的字符串从第 6 行开始每行最多存储 65 个字符，其中前 64 个字符为距离信息，第 65 个字符为行检校字符。不足 65 个字符的数据只有距离信息。从第 6 行开始，字符串中每 3 个字符表示一个距离信息。

2. 处理方法

数据解算主要包括以下四步：第一，将 3 个字符串分别转换为对应的 16 进制 ASCII 码；第二，将十六进制 ASCII 码减去固定常数 30，得到距离的 16 进制数；第三，将十六进制 ASCII 码转化为二进制数，对于不足 6 位的二进制数在数据前边用 0 补齐六位；第四，将三个字符对应的二进制数合并成 18 位，并转换为十进制距离。解算距离时，要及时将结果写入文件保存，以防止采集数据丢失。在数据处理过程中直接将十六进制 ASCII 码转换为二进制非常困难，为方便实现，先将十六进制数转为十进制，再将十进制转为二进制。距离解算结果如图 4-2-1 所示。

174641.hrv - 记事本

文件(F) 编辑(E) 格式(O) 查看(V) 帮助(H)

```
01932 01932 01947 01952 01955 01957 01962 01976 01978 01980 01991 01999 02000 02003 02009 02010 02015 02017
02037 02040 02042 02048 02056 02061 02062 02072 02083 02089 02090 02105 02112 02123 02128 02134 02136 02143
02156 02159 02160 02163 02181 02197 02204 02207 02208 02212 02232 02247 02256 02259 02262 02269 02289 02299
02310 02319 02328 02334 02335 02346 02372 02373 02391 02392 02406 02419 02426 02427 02452 02455 02466 02472
02481 02504 02515 02530 02554 02565 02570 02570 02591 02592 02613 02633 02648 02654 02681 02683 02689 02721
02733 02741 02760 02773 02785 02803 02814 02840 02851 02860 02880 02901 02917 02932 02954 02972 02988 03014
03024 03032 03065 03082 03101 03118 03153 03157 03190 03200 03237 03258 03276 03298 03343 03343 03368 03395
03431 03467 03488 03524 03540 03596 03597 03643 03672 03694 03712 03770 03818 03833 03869 03921 03959 03990
04029 04050 04091 04142 04192 04217 04260 04320 04350 04400 04444 04498 04552 04609 04649 04698 04780 04839
04869 04913 04984 05028 05107 05183 05267 05316 05378 05460 05523 05597 05717 05778 05842 05945 06060 06102
06194 06300 06410 06410 06410 06544 06708 06708 00001 00001 00001 00001 00001 00001 00001 00001 00001 00001
00001 00001 08265 08464 08474 08488 08484 08484 08476 08454 08453 08453 08450 08444 08440 08435 08434 08434
08425 08421 08421 08415 08403 08399 08395 08391 08390 08382 08382 08382 08371 08363 08362 08362 08380 08380
08364 08359 08364 08374 08374 08360 08354 08352 08354 08362 08367 08369 08374 08374 00001 00001 00001 08561
08569 08573 08591 08591 08594 08614 08597 08612 08602 08602 08602 08628 08634 08634 08634 08632 08636 08642
08654 08654 08654 08632 08623 00001 00001 00001 00001 05549 05549 05552 05544 05544 05537 05535 05537 05549
05552 05557 05568 05568 05570 05574 05581 05596 05600 05600 05614 05618 05618 05626 05652 05821 06665 06665
06496 05871 05568 05529 05454 05383 05327 05247 05199 05113 05073 05057 05057 05065 05067 05079 05100 05102
05109 05109 05112 05125 05127 05140 05138 05138 05123 05105 05101 05101 05105 05110 05113 05133 05147 05150
05171 05184 05210 05211 05216 05221 05224 05235 05246 05273 05273 05263 05262 05236 05211 05189 05181 05181
05168 05145 05145 05129 03882 03857 03819 03806 03779 03751 03723 03699 03675 03660 03624 03585 03573 03555
03545 03521 03519 03457 03449 03433 03433 03433 03433 03448 03459 03475 03493 03501 03516 03517 03539 03542
03558 03563 03581 03597 03606 03626 03630 03641 03668 03668 03668 03668 03692 03683 03683 03683 03679 03679
03678 03678 03677 03678 03678 03680 03682 03682 03680 03653 03650 03650 03647 03647 03642 03625 03599 03580
03578 03569 03552 03543 03517 03494 03478 03466 03460 03459 03423 03409 03408 03383 03370 03363 03357 03349
03335 03316 03313 03304 03299 03279 03278 03263 03245 03232 03225 03217 03209 03197 03191 03170 03111 03089
03085 03084 03084 03075 03069 03069 03075 03072 03072 03072 03066 03058 03052 03043 03031 03028 03020 03003
02998 02988 02988 02982 02971 02961 02957 02943 02943 02930 02923 02922 02908 02903 02902 02902 02888 02885
02875 02875 02867 02856 02855 02854 02837 01964 01926 01926 01929 01929 01929 01929 01903 01878 01878 01878
01878 01878 01883 01883 01884 01894 01928 01964 02040 02506 02614 02628 02628 02628 02619 02619 02619 02621
```

图 4-2-1 距离解算结果

3. 三维点云输出

(1)坐标系定义：三维坐标的实现原理为极坐标法，在极坐标法中数据获取的顺序和电机旋转方向对坐标系的定义至关重要。坐标系定义为右手坐标系，X 轴在横向扫描面内，向右为 X 轴正向，Y 轴在横向扫描面内与 X 轴垂直向外为正，Z 轴与 XY 平面垂直向上为正。坐标系定义如图 4-2-2 所示。

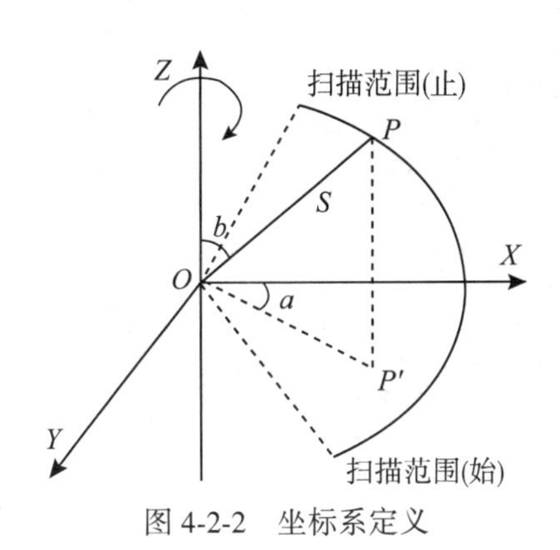

图 4-2-2 坐标系定义

按照定义坐标系，相应的坐标计算公式为：

$$\begin{cases} X = S \cdot \sin(b) \cdot \cos(a) \\ Y = S \cdot \sin(b) \cdot \sin(a) \\ Z = S \cdot \cos(b) \end{cases}$$

(2)坐标输出：将解算的距离信息载入程序，结合激光雷达纵向两相邻测距之间角度和电机转速解算出的横向两相邻扫描间隔之间角度，在定义坐标系下实现距离到三维坐标的转换。为形象直观地表达特征信息，首先对点云进行伪彩色渲染以增加层次感，其次按照第三方软件格式保存数据并进行后续建模、渲染等处理。点云伪彩色渲染实现算法为：利用数值和灰度值的换算关系，分别计算出点云三维坐标分量所对应的灰度值，并将计算得到的三个分量灰度值作为各点对应的色彩属性。伪彩色的坐标成果见表 4-2-1，伪彩色成果图如图 4-2-3 所示。

表 4-2-1　**赋予伪彩色的坐标成果**

X(m)	Y(m)	Z(m)	R	G	B
430. 577	949. 731	3597. 934	6. 085	14. 461	123. 834
423. 107	933. 254	3594. 810	5. 980	14. 308	123. 760
416. 214	918. 051	3596. 411	5. 882	14. 075	123. 798
408. 776	901. 643	3593. 114	5. 777	13. 823	123. 720
400. 925	884. 327	3585. 868	5. 666	13. 558	123. 549
393. 640	868. 258	3583. 356	5. 563	13. 311	123. 490
386. 685	852. 918	3583. 660	5. 465	13. 076	123. 497
379. 737	837. 592	3583. 886	5. 367	12. 841	123. 502
371. 988	820. 501	3576. 276	5. 257	12. 579	123. 322
365. 464	806. 110	3580. 219	5. 165	12. 358	123. 415

图 4-2-3　伪彩色成果展示

五、实验报告

报告内容要体现构思、设计、实现及运作方面的系统训练，实验报告包括实验步骤中各环节的成果，并详细说明实验中存在的问题，尤其对有必要进一步思考与探讨的内容，说明清楚，以备在以后学习和工作中解决。要求实验数据必须采用科学方法获得，真实可靠。

以小组为单位提交实验报告。学生如果对自己感兴趣的内容进行了深入探索，可以根据实际情况另写一份实验报告。

实验三　离线地图制作与移动导航定位服务应用

电子地图广泛应用于手机、平板电脑等移动设备。导航地图软件除了提供地图基础搜索、地图数据加载、定位服务外，还注重产品差异性、用户需求和体验，导航产品朝个性化、智能化方向发展。传统勘测资料大多提供纸质地形图、纸质交通图、纸质航拍影像图。在实际使用过程中，由于纸质图件为满足精度要求，往往会存在图幅很大、携带不便、易损坏、分辨率固定不能实时缩放的问题。影像数据需要借助相关软件在 PC 端使用且数据量大操作不便。常规电子地图存在偏远地区缺少覆盖，道路及地物的详细程度不够，使用受网络的限制等弊端。同时，野外工作常遇到公路维修、语言障碍、线路选择不当等问题。借鉴已有研究成果和相关软件技术支持提出利用离线地图导航软件实现 Web 墨卡托投影的影像图和 OSM 交通图及 DEM 数据加载，借助地形地貌、植被、通行通视条件等特征信息进行现场解译，实现准确的导航定位。通过实验，学生可以将工作区影像、道路、等高线等数据进行多图层叠加，进而制作专题地图，并导入功能强大的地图软件，以方便野外工作，同时对感兴趣的内容进行深入思考和分析，进一步提升专业水平和拓展专业领域。

一、实验目的与任务

实验目的：使学生掌握专题地图制作和导航定位方法，而且在实验过程中，力求以学生为主体，对学生进行从构思、设计、实现到运作的系统训练，有效培养学生自主学习能力，激发创新意识，提高创新技能，培养创新素质。

实验任务：以专题地图制作和导航定位进行实验。实验主要内容包括影像图、DEM、道路图下载，等高线生成与编辑、多图层叠加、软件操作等内容。要求自主获得实验数据、自主制作地图、自主管理实验过程、自主撰写实验报告。

二、实验内容

(1)基于文献阅读，学习数据下载及处理方法，并进行方案设计。

(2)学习 Global Mapper 使用、3S 移动导航软件使用。

三、实验原理

在 Global Mapper 软件的支持下，对获取的影像图、DEM、道路图进行处理，制作地图。在谷歌地球上目视解译出行路线，保存成 KML 格式，将地图和线路导入软件，实现外业导航及兴趣点记录等。在山区或者陌生地方更好地完成外业工作。

四、实验方法

(一)了解实验内容

通过与指导教师沟通，了解实验内容。

(二)自主设计实验方案

基于资料阅读，构思实验方案，设计技术路线，并与指导教师讨论。

1. 学习处理实验数据方法和软件操作

根据项目需要确定数据范围，一般选择的范围要稍大于测量范围，以保证测区主干道路完整。选择地图等级并下载。离线地图的数据格式多以 MBT 文件为主，制作流程如图 4-3-1 所示。

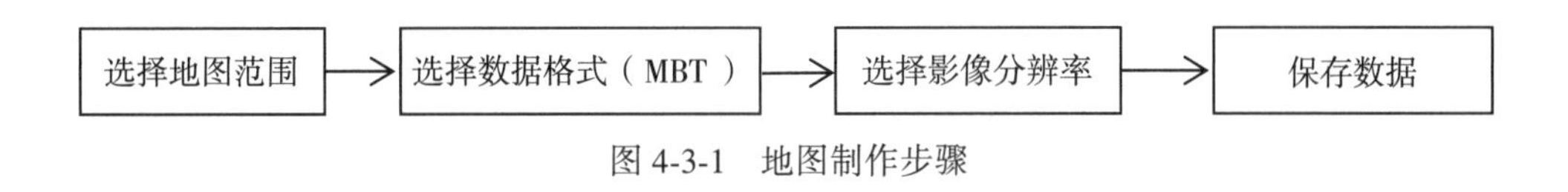

图 4-3-1　地图制作步骤

地形地貌和通行道路解译过程如图 4-3-2 所示。

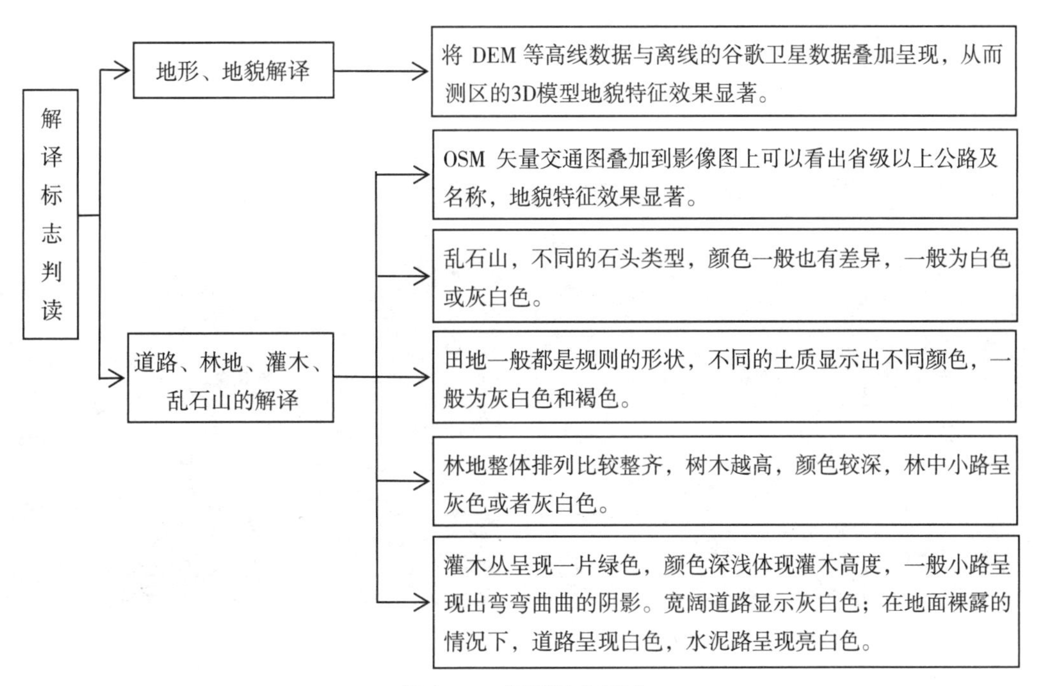

图 4-3-2　解译标志判读

在路线选择过程中，综合解译标志及现场植被覆盖情况、植被类型等特征解译效果更佳。在无道路山区，林间小路在离线地图上清晰可辨；大型植被稀少的灌木小路呈现出曲折阴影；乱石山应该尽量绕行，以减少不必要的危险。

利用相关软件制作影像地图及影像处理，保存成导航软件能识别的 3~18 级卫星影像瓦片离线地图数据。将转角塔点位坐标进行编译，生成 GPX 文件与其叠加进行综合应用，如图 4-3-3 所示。

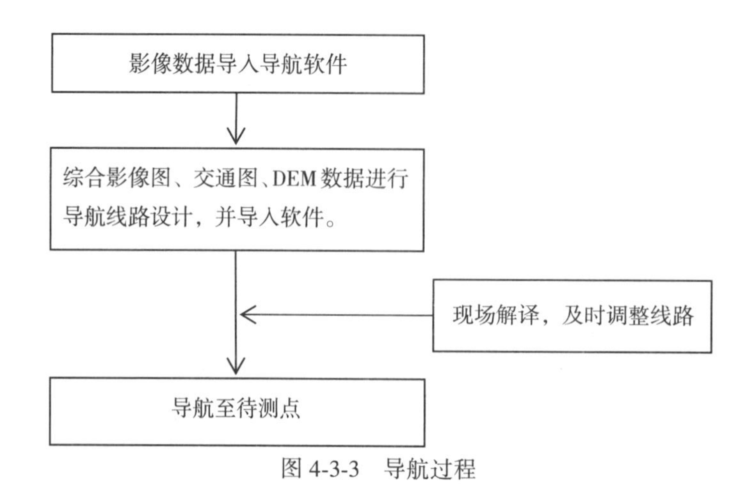

图 4-3-3　导航过程

导航过程中航迹线与底图套合得较好，如图 4-3-4 所示，有利于导航的顺利进行。移动导航定位具有显著的灵活性和优越性。比如，导航过程中选择的线路正在施工，如果返回则耗费大量的时间，通过影像地图认真观察进行现场解译，发现在右侧有一条林间小路可以绕过施工路段，按照地图显示顺利到达目标位置，如图 4-3-5 所示。

图 4-3-4　导航中航迹线显示效果

图 4-3-5　影像与 DEM 叠加解译林间小路

2. 导航过程实施

面对测量任务，寻找一条快速、安全到达指定位置的路线尤为重要。结合广西某输电线路导航的应用实例，根据测区范围制作地图，以掌握的交通图、影像图、地形资料进行解译设计路线，依据设计导航线路到达待测点。在实际的使用过程中导航定位精度一般能达到 5m 以内。工程进展十分顺利。

3. 导航精度分析

导航定位应用过程中选择了一些标志性地点做了检验，定位精度良好，如图 4-3-6 和图 4-3-7 所示。

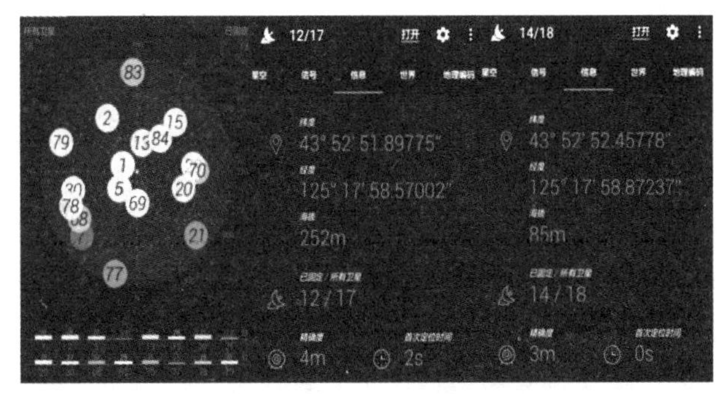

图 4-3-6　软件实时显示定位精度

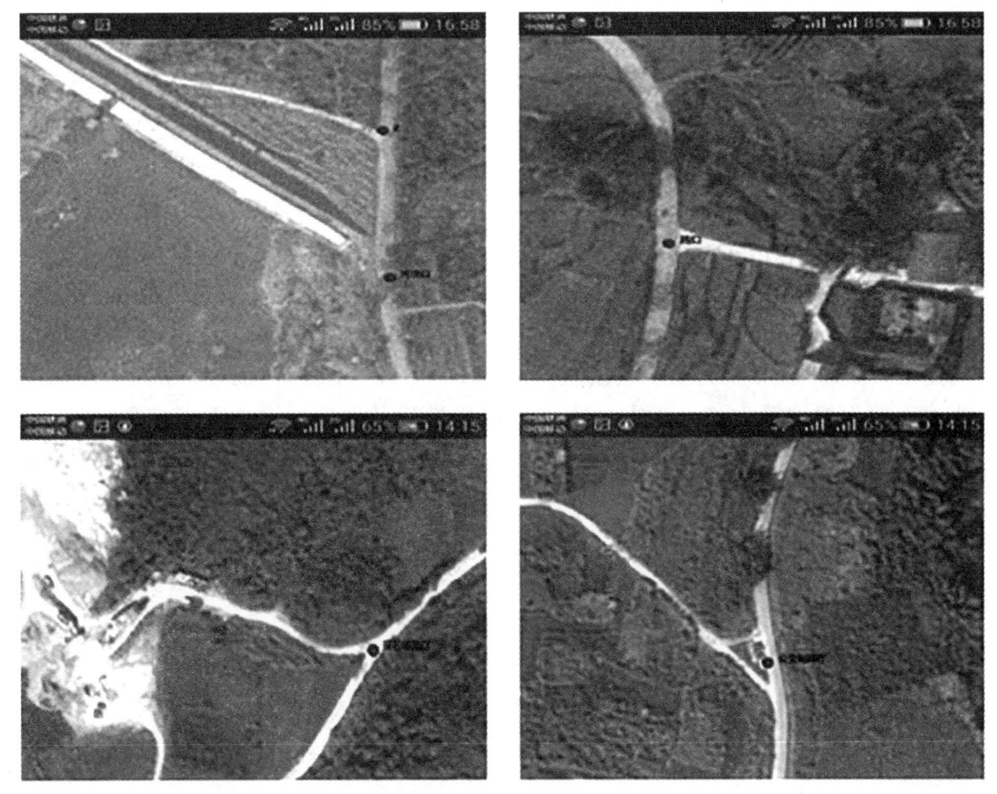

图 4-3-7　定位精度显示效果

五、实验报告

报告内容要体现从构思、设计、实现到运作方面的系统训练，实验报告包括实验步骤中各环节的成果，并详细说明实验中存在的问题，尤其对有必要进一步思考与探讨的内容说明清楚，以备在以后学习和工作中解决。

以小组为单位提交实验报告。学生如果对自己感兴趣的内容进行了深入探索，可以根据实际情况另写一份实验报告。

实验四　基于 LiDAR 点云的建筑物边界提取算法实现

LiDAR 是数码相机、GPS、惯导系统、激光测距等多项前沿技术的集成，利用 GPS 控制姿态、激光器获取的激光接收器到地物距离的信息，经过坐标值换算快速高效地将距离信息表达为被测物体的三维坐标，该方法获取的海量点云数据是地物特征提取的基础。建筑物作为城市重要标志，在城市规划与建设、灾害预防、三维数字模拟等很多领域都有着重要应用。因此，如何从海量的 LiDAR 点云数据中快速准确地提取建筑物信息成为当前的研究热点。本实验让学生掌握平面栅格化，高程值灰度变换填充到相应的格网中生成 DSM 深度影像，利用边界检测算子进行建筑物边界提取。可用于数字城市建设、城市规划等方面。同时对感兴趣的内容进行深入思考和分析，进一步提升遥感、地信、测绘专业学生的实践和拓展能力。

一、实验目的与任务

实验目的：使学生掌握点云栅格化、深度 DSM 图像生成及边界提取方法，而且在实验过程中，力求以学生为主体，对学生从构思、设计、实现到运作的系统训练，有效培养学生自主学习的能力，激发创新意识，提高创新技能，培养创新素质。

实验任务：以采集的 LiDAR 点云进行实验，主要内容包括点云去噪、平面栅格化、DSM 生成、边界提取等内容。要求自主进行算法设计及实现、自主管理实验过程、自主撰写实验报告。

二、实验内容

(1)基于文献阅读，学习 MATLAB 编程及点云处理方法，并进行方案设计。

(2)学习 MATLAB 语言、边界提取算子的使用。

三、实验原理

在 MATLAB 编程平台的支持下，对 LiDAR 点云进行去噪、分类，对分类后的建筑物点云进行栅格化构建 DSM 深度图像，然后利用边界检测算子进行边界提取，获得建筑物完整的外围轮廓。技术路线如图 4-4-1 所示。

四、实验方法

(一)了解实验内容

通过与指导教师沟通，了解实验内容。

(二)自主设计实验方案

基于资料阅读，构思实验方案，设计技术路线，并与指导教师讨论。

(三)自主学习处理实验数据方法和编程实现

1. DSM 深度图像生成原理

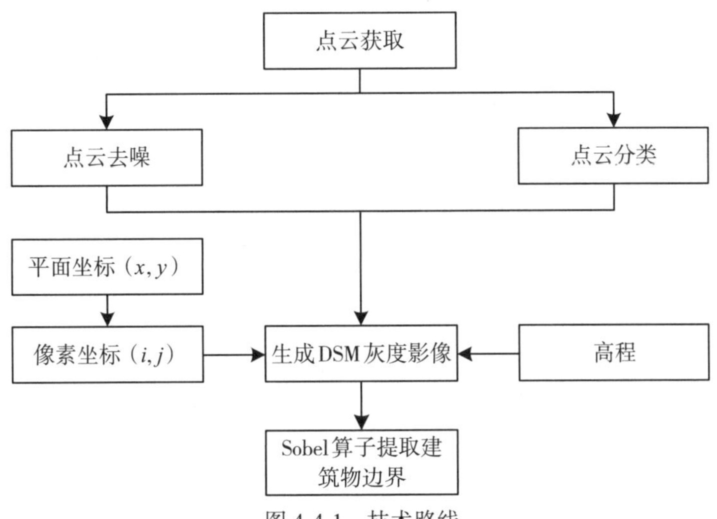

图 4-4-1　技术路线

DSM(Digital Surface Model)深度影像是一种栅格数据，具有二维平面体现三维特征信息的优点。LiDAR 采集的是离散的矢量点。为生成 DSM，需要将矢量点的水平坐标(X，Y)转换为图像坐标(I，J)，实现矢量点云的格网化。栅格数据中每个像素(I，J)都有对应矢量点的高程值。在实际操作过程中会出现一个像素对应多个点，采用中值滤波算法求出高程值作为像素值。当一个像素不对应任何点时，为了不引入新的高程，采用逐点内插算法内插出该像素的值。最后，将高程值填充到相应格网上生成 DSM 深度影像。

2. DSM 生成的具体步骤

为了快速实现矢量点的格网化。首先，分别将点云的平面坐标系 X 方向转换为图像坐标系统的 i 方向，将平面坐标系 Y 方向转换为图像坐标系统的 j 方向，转换公式：

$$i = \mathrm{int}\left(\frac{X - X_{\min}}{S}\right)$$

$$j = \mathrm{int}\left(\frac{Y - Y_{\min}}{S}\right)$$

式中，S 为格网分辨率 $S = 1/\sqrt{n}$，n 为原始 LiDAR 点云密度，这样划分格网能保证 X 方向上 1m 对应格网 i 方向上 $1/\mathrm{step} = \sqrt{n}$ 个网格(Y 方向同理)，对于目标区域每平方米对应 $\sqrt{n} \cdot \sqrt{n} = n$ 个网格，并且目标区域每平方米恰好有 n 个矢量点。即 n 个点正好对应 n 个格网。当一个像素对应多个点时，采用中值滤波方法计算出像素所对应的高程值。实现方法：中值滤波计算一般是利用格网内各点高程值的中值作为格网点的高程值。假设窗口内有 n 点，首先按照高程值由小到大排列，然后取序列中间值作为中值，并以此值作为中值滤波的输出值。中值滤波处理方法如图 4-4-2 和图 4-4-3 所示，处理结果如图 4-4-4 所示。

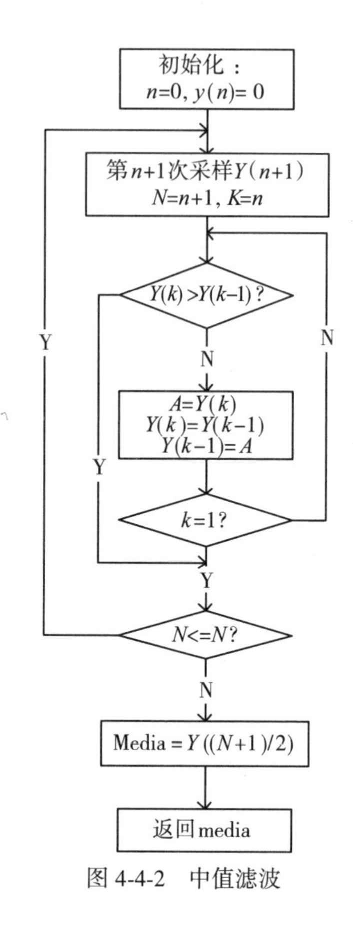

图 4-4-2　中值滤波

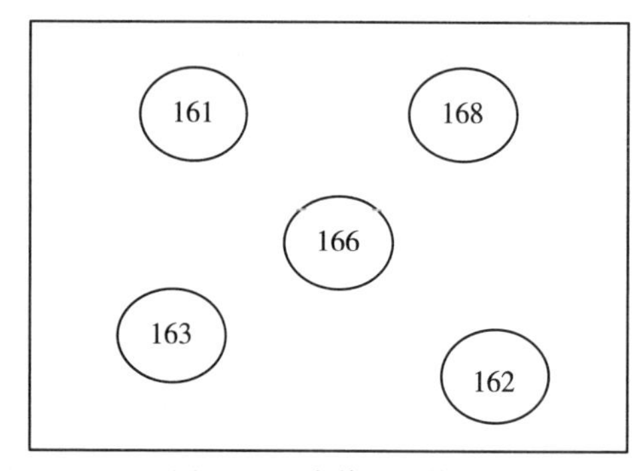

图 4-4-3　中值滤波模型

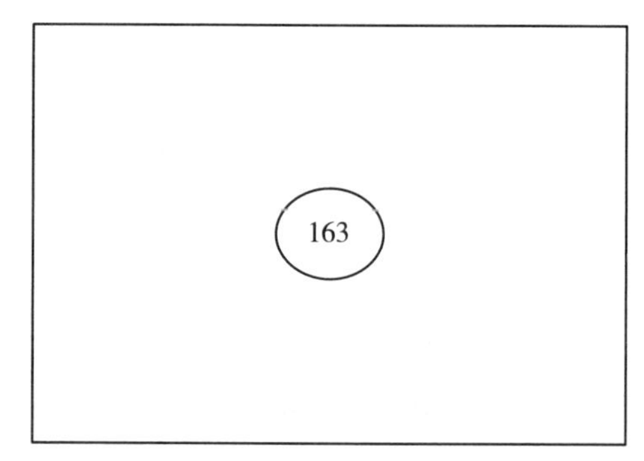

图 4-4-4　中值滤波结果

当一个像素不对应任何点时，为了不引入新的高程值，采用逐点内插法内插出该像素对应的高程值。实现方法：将需要插值的格网点作为领域的中心，选取临近的 8 个点确定邻域范围，然后在这个范围内，通过落在邻域内的点进行插值运算，计算出当前点的高程值。逐点内插的模型和结果分别如图 4-4-5 和图 4-4-6 所示。

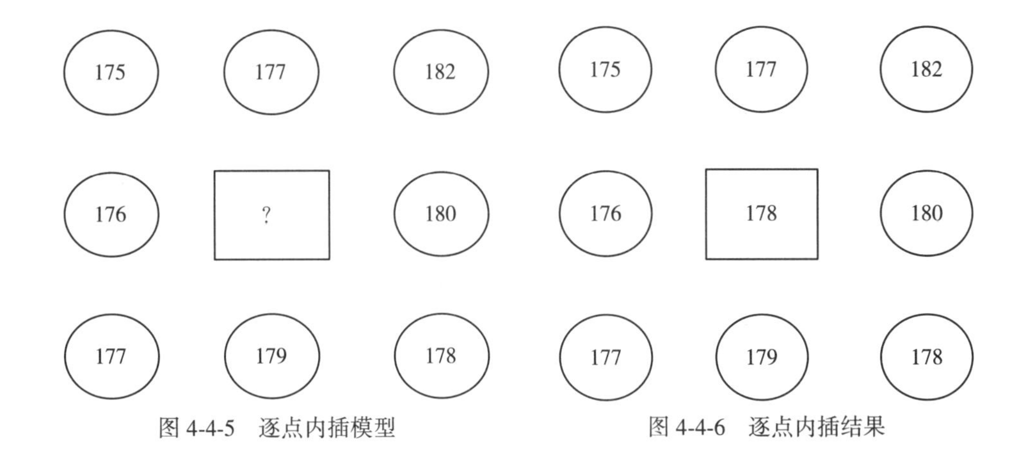

图 4-4-5　逐点内插模型　　　　图 4-4-6　逐点内插结果

为生成灰度图像，首先读取建筑物点云的坐标 X、坐标 Y 的最值获得数据范围，然后在点云数据范围内确定平面格网边长，从而创建一个空的二维矩阵，将平面矢量点填充到相应格网中，最后读取各点高程及建筑物点云的高程最值，即 Z_{max} 和 Z_{min}。按照公式进行灰度换算，获得各点高程对应的灰度值。换算公式：

$$G(i,\ j)=\frac{Z(i,\ j)-Z_{min}}{Z_{max}-Z_{min}}\cdot 255$$

式中，$G(i,\ j)$ 为 $(i,\ j)$ 点的灰度值，$Z(i,\ j)$ 为 DSM 中的高程值，高程越大，灰度值越大，在灰度图像如图 4-4-7 上表示的结果也就越亮。

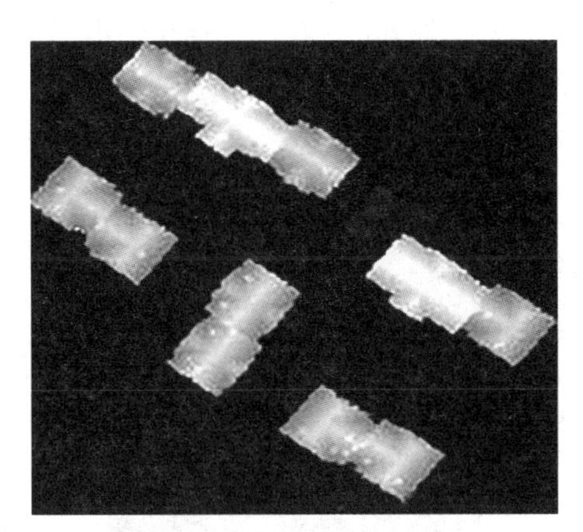

图 4-4-7　灰度图像显示

3. 建筑物边界检测

边界是图像中灰度变化最显著的位置，也是图像分割依赖的重要特征以及形状和纹理特征的基础和关键信息来源。图像的边界特征也是图像匹配的关键位置。在边界检测中有许多的经典算法。Sobel 边缘检测算子是一阶偏导的典型算法，这种算法既能够消除噪声又能对噪声进行平滑处理。Roberts 边缘检测算子是利用局部差分的原理来寻找边缘，通过相邻的两个像素在对角线方向的梯度变化来检测边缘位置。因此，在垂直方向的检测效果比斜向检测效果好。Prewitt 边缘检测算子也是采用一阶微分的形式进行边界检测，利用像素点左右和上下方向的相邻点的灰度差值在边界处取得极值来进行检测，因此对噪声也有一定的平滑作用。Laplace 边界检测算子是一种二阶微分算子利用各向同性的性质，对于只在意边缘位置不考虑周边灰度差值的情况下适用。因为 Laplace 边界检测算子对独立像素响应强烈，因此对于无噪声的图像处理效果好。candy 边界检测算子是一种通过有限差分计算梯度的大小和方向的一阶偏导算子，首先，利用高斯滤波对图像进行卷积运算，减少噪声，然后对梯度的大小进行非极大值抑制，保留梯度变化最大的点，采用双阈值算法进行检测以及边缘的连接。

Sobel 算子原理及检测效果：经过多种边界检测算子的实际比较决定采用 Sobel 算子进行边界检测。其优势在于：检测出边缘点同时有效的抑制噪声，检测后边缘宽度至少为二像素。该算子是由两个卷积核 $g_1(x, y)$ 与 $g_2(x, y)$ 对原图像 $f(x, y)$ 进行卷积运算而得到的，其数学表达式如下：

$$S(x, y) = \mathrm{MAX}\left[\sum_{M=1}^{M}\sum_{N=1}^{N} f(m, n)g_1(i-m, j-n), \sum_{M=1}^{M}\sum_{N=1}^{N} f(m, n)g_2(i-m, j-n)\right]$$

实际上，Sobel 边缘算子所采用的算法公式：

$$\begin{cases} \Delta_x f(x, y) = [f(x-1, y+1) + 2f(x, y+1) + f(x+1, y+1)] - [f(x-1, y-1) + 2f(x, y-1) + f(x+1, y-1)] \\ \Delta_y f(x, y) = [f(x-1, y-1) + 2f(x-1, y) + f(x-1, y+1)] - [f(x+1, y-1) + 2f(x+1, y) + f(x+1, y+1)] \end{cases}$$

先进行加权平均，然后进行微分运算，我们可以用差分代替一阶偏导数算子的计算方法。Sobel 算子垂直方向和水平方向的计算模板见表 4-4-1，前者可以检测出图像水平方向的边缘。在后者可以检测出图像垂直方向的边缘。在实际应用过程中，图像的每个像素都是用这两个卷积核进行卷积运算，取其最大值作为结果输出，运算结果是一幅体现边缘梯度的图像，如图 4-4-8 所示。

表 4-4-1　**Sobel 算子模板**

-2	-1	-2
0	0	0
2	1	2

(a)水平方向

-2	0	2
-3	0	1
-1	0	2

(b)垂直方向

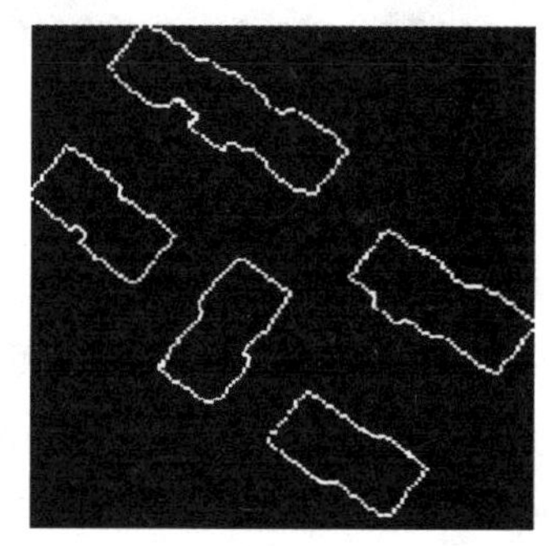

图 4-4-8　Sobel 边界检测效果图

五、实验报告

报告内容要体现从构思、设计、实现到运作方面的系统训练，实验报告包括实验步骤中各环节的成果，并详细说明实验中存在的问题，尤其对有必要进一步思考与探讨的内容，说明清楚，以备在以后学习和工作中解决。

以小组为单位提交实验报告。如果对自己感兴趣的内容进行了深入探索，学生自己根据实际情况另写一份实验报告。

实验五　基于微信小程序的测量实习辅助程序开发

地学部除了测绘工程专业之外，地球物理学、地理信息科学、勘查技术与工程、水文等专业也开展了测量学课程。测量学具有很强的实践性，因此野外测量实习成为培养学生实践能力的关键环节。当前测量实习教学主要包括三个方面：实习内容讲解和仪器操作指导，观测和记录，内业数据处理和成果输出。由于野外实习人数多，人员比较分散，无法实时解决学生在实习过程中出现的问题，导致实习进度缓慢，实习效果不理想。基于微信小程序开发测量实习程序能辅助教师完成实验教学，能有效改善目前测量实习教学存在的问题。微信小程序可以降低开发难度和开发成本，只要安装微信就可以使用小程序，无需考虑操作系统问题，同时微信小程序云平台提供的数据库服务可以进行数据的增、删、改、查等操作，为程序开发提供便利。学生可以对感兴趣的内容进行深入思考和分析，从而进一步提升地学部本科学生实践和拓展能力。

一、实验目的与任务

实验目的：实验目的在于使学生掌握测量实习中精度指标计算的程序实现，而且在实验过程中，力求以学生为主体，对学生进行从构思、设计、实现到测试的系统训练，有效培养学生自主学习能力，激发创新意识，提高创新技能，培养创新素质。

实验任务：完成仪器设备管理、测量实用工具，实习辅助工具等模块的开发。实验主要内容：实验仪器管理包括实验仪器预约、仪器故障申报、实习意见反馈和仪器操作指导文件查看。测量实用工具包括：测站导线计算和测站水准计算；实习辅助工具包括：兴趣点和航迹记录、电子罗盘等功能。要求自主收集实验数据，自主学习程序开发、开发工具使用和功能实现方法，自主管理实验过程、自主撰写实验报告。

二、实验内容

(1)通过阅读课件和文献，学习导线测量、水准测量的原理和方法，并进行方案设计。

(2)学习微信小程序开发工具使用，利用 API 和云数据库实现仪器设备管理、测量实用工具、实习辅助工具等功能的设计。

(3)建立程序界面和各功能实现。

三、基本原理

微信小程序由视图层和逻辑层两个部分组成，视图层通过 WXSS 文件确定组件的显示样式，WXML 文件定义页面的显示结构。视图层既能显示逻辑层发送的数据，也能将视图层输入的数据和点击事件发送至逻辑层。逻辑层和视图层是通过两个不同的线程工作。在微信小程序中逻辑层使用 JS 脚本编写，将数据处理后显示在视图层。View 视图层和逻辑层的交互通过系统层的 JSBridage 进行通信。小程序框架如图 4-5-1 所示。

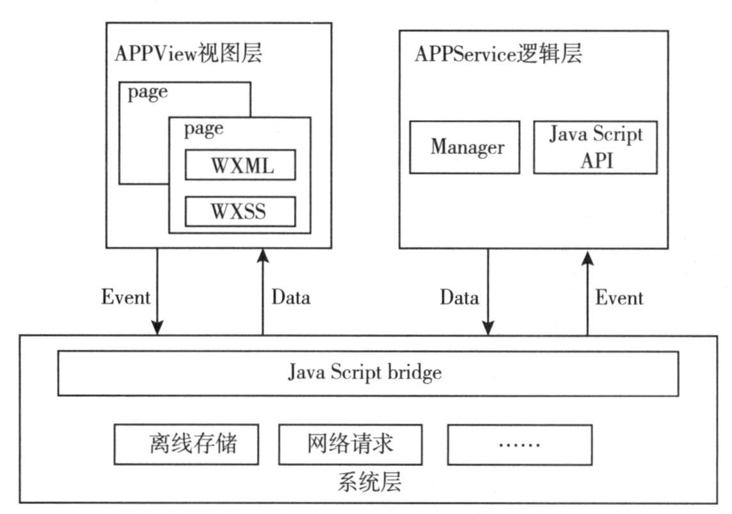

图 4-5-1　小程序实现框架

四、实验方法

(一) 了解实验内容

通过与指导教师沟通，了解实验内容。

(二) 自主设计实验方案

基于资料阅读，构思实验方案，设计技术路线，并与指导教师讨论。

(三) 自主学习管理系统功能设计方法和编程实现

系统包括仪器设备管理、测量实用工具、实习辅助工具三大模块。为方便数据整理和空间拓展，以微信小程序为前端，bmob 后端云为后台，实现数据存储和交互。

1. 仪器设备管理

用户登录界面如图 4-5-2 所示。由于测量实习人数多，仪器数量有限，为保证实习工作的正常开展，须及时掌握仪器状态和仪器预约情况。仪器设备管理主要包括仪器预约、故障申报、意见反馈、指导文件 4 个功能。①仪器预约(图 4-5-3)：一般情况下，实验预约需要实验教师提出申请，为方便与仪器使用者保持良好的沟通，在实习时直接由小组长填写申请，等待管理员处理后方可领取仪器；②故障申报：野外实习经常出现仪器损坏或仪器测量故障，为方便仪器检修和保留记录，需要提交仪器基本信息和图片，可以作为后期维修和维护的依据，方便实验技术人员及时解决存在的问题；③意见反馈：该模块是为了方便广大师生与实验技术人员沟通，实验技术人员会针对提出的问题及时改进和调整，满足学生和教师的教学需求；④指导文件：仪器操作需要经过大量实践才能掌握仪器操作技巧和常见问题处理，尤其是非测绘专业学生，平时训练较少，参考仪器操作指导文件，有利于学生规范化操作和解决测量过程中的常见问题。实现仪器预约、故障申报和意见反馈功能，需引入 bmobsdk，然后通过 Bmob. Query( )方法连接指定数据表，最后使用 query. set( )方法将信息上传至云数据库；指导文件查看功能用到数据库查询、文档下载、预览操作。指导文档查看(图 4-5-4)需要调用微信小程序提供的两个 API——wx. downloadFile( )和 wx. openDocument ( )，下载并打开文档。

图 4-5-2　用户登录界面图　　图 4-5-3　实验预约图　　图 4-5-4　指导文档查看

2. 测量实用工具

测量实习包括导线测量和水准测量两个部分，导线测量涉及角度测量、距离测量、测站精度检核等内容，水准测量涉及测站精度检核和水准路线精度检核测站。为方便学生检验测量数据的正确性，小程序提供多个实用工具满足实习要求。

导线测量：为保证测量坐标系的统一，测量实习会提供 3 个以上平面点坐标。在图根导线测量中，仪器测量的是水平角度和水平距离等基本信息。想要获得各导线点的平面坐标，首先需要根据两个已知点计算出坐标方位角作为初始值，结合测量的水平角度和平面距离推算出其他点坐标。坐标计算提供坐标正算和坐标反算两个功能。坐标正算需要输入起点坐标、坐标方位角和两点距离，这样才能实现未知点推算，坐标反算是通过输入两个已知点计算出方位角和距离。角度换算主要是角度、弧度之间的换算。闭合差计算是图根导线测量中重要的精度控制指标，计算过程比较复杂，通过闭合差计算小工具(图 4-5-5)实现方便快捷。

水准测量：水准测量是测量实习的另一项重要内容，测站精度检核十分重要，通过水准测量工具就可以轻松解决，能节约大量时间。针对测量场景不同，在水准测量模块提供四等水准计算(图 4-5-6)和简易水准计算两个工具，水准测量限差严格按照《国家三、四等水准测量规范(GB/T 12898—2009)》执行。

3. 测量实习辅助工具

由于测量实习地点分散，为方便师生记录关键位置，小程序提供兴趣点和航迹记录两项实用功能。实现兴趣点记录首先调用小程序位置服务 API 中的 wx. getLocation( )方法获取当前位置的经纬度，然后通过 moveToLocation( )方法，将地图中心显示为当前位置。航迹记录(图 4-5-7)是按照一定的时间间隔获取当前位置经纬度，并通过 markers 数组将位置显示在地图组件中。兴趣点和航迹支持本地和云数据库两种存储方式。

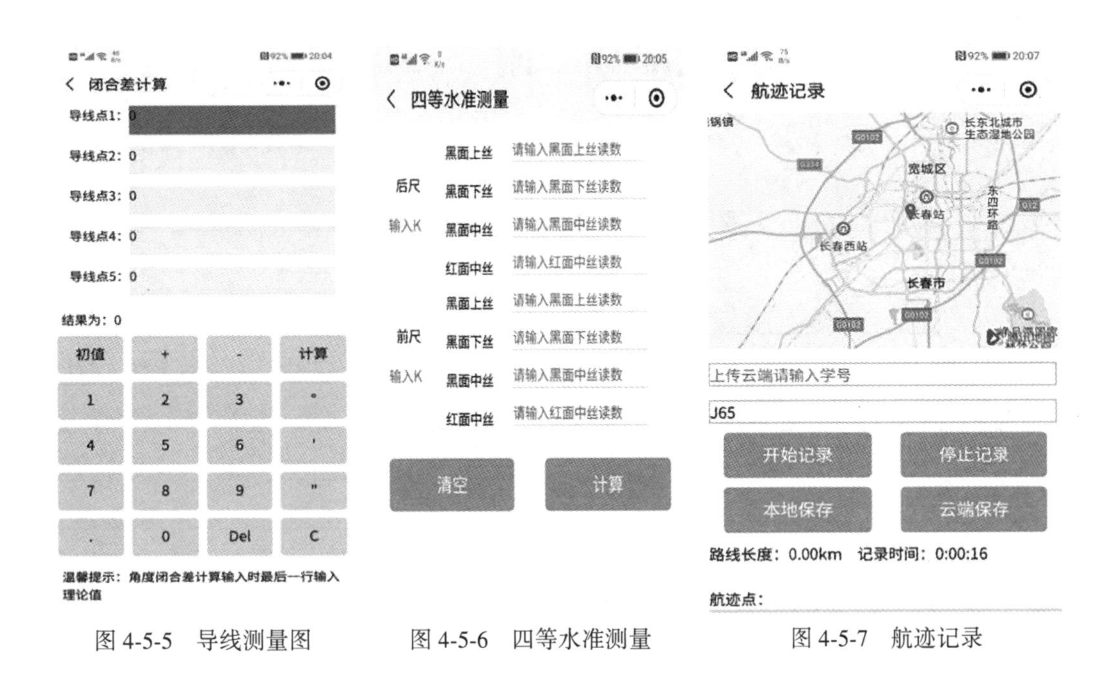

图 4-5-5　导线测量图　　图 4-5-6　四等水准测量　　图 4-5-7　航迹记录

五、实验报告

报告内容要体现从构思、设计、实现到运作方面的系统训练，实验报告包括实验步骤中各环节的成果，并详细说明实验中存在的问题，尤其对有必要进一步思考与探讨的内容，要求说明清楚，以备在以后学习和工作中解决。要求实验数据必须采用科学方法获得，真实可靠。

以小组为单位提交实验报告。如果对自己感兴趣的内容进行了深入探索，学生可以根据实际情况另写一份实验报告。

第五部分　附　　录

附录一　实验报告格式

实验报告

<table>
<tr><td colspan="4">实验课程及编号：　　　　　　　　实验教师：　　　　　　　　实验员：</td></tr>
<tr><td colspan="4">实验项目及编号：</td></tr>
<tr><td>报告人</td><td colspan="3">姓名(学号)</td></tr>
<tr><td>时间</td><td></td><td>地点</td><td></td></tr>
<tr><td>实验软件</td><td colspan="3"></td></tr>
<tr><td>硬件设备</td><td colspan="3">仪器及工具：</td></tr>
<tr><td>实验数据
或材料</td><td colspan="3"></td></tr>
<tr><td colspan="4">一、实验目的与原理</td></tr>
<tr><td colspan="4">二、实验方法与步骤</td></tr>
<tr><td colspan="4">三、实验结果分析</td></tr>
<tr><td colspan="4">四、对本课程实验或实验项目的建议</td></tr>
<tr><td colspan="4">实验教师评语及成绩</td></tr>
</table>

基本要求与说明：

(1)实验目的与原理阐述要简洁扼要，可附上相应公式、图解；

(2)实验步骤与方法叙述要条理清晰、逻辑清楚；

(3)实验结果分析可以采用图像、表格等多种方式表达，论据充分，实事求是；

(4)表格内容和大小可以根据实际情况进行调整。

附录二 记录计算要求

(1)观测前，准备好铅笔(2H 或 3H)，熟悉记录手簿各项内容、填写顺序及计算方法。并填写表头，如仪器型号、观测日期、天气情况、测站名称、观测者及记录者姓名等。

(2)观测时，观测者读数后，记录者应复诵检核，确定无误将观测数据填写在相应栏内。不得另纸记录事后转抄，保存原始记录。

(3)记录时，要求字体端正清晰，数位对齐，记录完整。字体的大小一般占格宽的1/2~1/3，字脚靠近底线，表示精度或占位的“0”(例如水准尺读数 1500 或 0234，度盘读数 93°04′00″)均不可省略。严禁在手簿上书写无关内容，更不得丢失原始手簿。

(4)观测数据的尾数不得更改，读错或记错后必须重测重记，例如：角度测量时，秒级数字出错，应重测该测回；水准测量时，毫米级数字出错，应重测该测站；钢尺量距时，毫米级数字出错，应重测该尺段。

(5)任何原始记录不得擦去或涂改，观测数据前几位出错(仅限于米、分米、度、分读数)，用细横线划去错误的数字，并在原数字上方写出正确的数字，必须注明“测错”“记错”或者“超限”。

(6)禁止连环更改数字，例如：水准测量中的黑、红面读数，角度测量中的盘左、盘右读数，距离丈量中往、返测量读数等，均不能同时更改，否则重测。

(7)测站观测结束，必须在现场完成本站的计算和检核，确认无误后方可迁站。

(8)对于手簿计算取位，角度取至整秒，距离、高差、高程、坐标取至毫米，尾数按“4 舍 6 入，5 凑偶”的规则取舍。例如 1. 4244m，1. 4236m，1. 4235m，1. 4245m 这几个数据，若取至毫米位，均应为 1. 424m。

(9)数字水准仪、全站仪、GNSS 等自动记录仪器，观测前必须设置好存储位置、存储名称，导出数据时按照软件提示操作。

附录三　记录计算表格

表 1　　**测回法水平角测量手簿**

测站	测回	盘位	目标	水平度盘读数			半测回水平角			一测回水平角			测回平均水平角		
				°	′	″	°	′	″	°	′	″	°	′	″

表 2 **方向观测法水平角测量手簿**

测站	测回	目标	水平度盘读数						2C	盘左盘右平均读数			归零方向值			归零方向值平均值		
			盘左			盘右												
			°	′	″	°	′	″	″	°	′	″	°	′	″	°	′	″

表 3　　**垂直角测量手簿**

测站	目标	盘位	竖盘读数			半测回垂直角			一测回垂直角			测回平均垂直角		
			°	′	″	°	′	″	°	′	″	°	′	″

表 4　　**普通水准测量手簿**

测站	目标	视距测量			高差测量		高差计算		
		上丝读数	下丝读数	视距（m）	黑面读数	红面读数	黑面高差（m）	红面高差（m）	平均高差（m）
闭合差：									

表 5　**全站仪导线测量手簿**

测站	盘位	目标	水平度盘读数			半测回水平角			一测回水平角			水平距离（m）
			°	′	″	°	′	″	°	′	″	

表 6　　**图根导线计算表**

点号	水平角 °　′　″	方位角 °　′　″	边长 S(m)	坐标增量		坐标	
				ΔX(m)	ΔY(m)	X(m)	Y(m)

闭合差及检核：

$$f_\alpha = \alpha_0 + n \cdot 180° \pm \sum_{i=1}^{n} \beta_i - \alpha_n =$$

$$f_{\alpha_{限}} =$$

$$f_X = X_1 + \sum_{i=1}^{n-1} \Delta X_{i(i+1)} - X_n =$$

$$f_Y = Y_1 + \sum_{i=1}^{n-1} \Delta Y_{i(i+1)} - Y_n =$$

$$f = \sqrt{f_X^2 + f_Y^2} =$$

$$\frac{1}{T} = \frac{f}{\sum_{i=1}^{n-1} D_{i(i+1)}} =$$

导线略图：

表 7　　　　**四等水准测量手簿**

测站	目标	后尺 上丝读数	前尺 上丝读数	方向及尺号	中丝读数		k+黑-红(mm)	高差中数(m)
		后尺 下丝读数	前尺 下丝读数		黑面高差	红面高差		
		后视距(m)	前视距(m)					
		视距差(m)	累积差(m)					
				后				
				前				
				后—前				
				后				
				前				
				后—前				
				后				
				前				
				后—前				
				后				
				前				
				后—前				
				后				
				前				
				后—前				
				后				
				前				
				后—前				
				后				
				前				
				后—前				

表 8　**水准路线计算表**

点号	距离 (m)	观测高差 (m)	高差改正数 (mm)	改正后高差 (m)	高程 (m)	备注
$\sum$						

闭合差及检核：	水准路线略图：
$f_h = \sum_{i=1}^{n-1} h_{i(i+1)} - (H_n - H_1) =$ $f_{h_{限}} =$	

表 9　**控制点成果表**

点号	纵坐标(m)	横坐标(m)	高程(m)	备注

表 10

平面点位放样计算表

<table>
<tr><td colspan="2">设计点及坐标</td><td colspan="2">已知点及坐标</td></tr>
<tr><td rowspan="2"></td><td>X =</td><td rowspan="2"></td><td>X =</td></tr>
<tr><td>Y =</td><td>Y =</td></tr>
<tr><td rowspan="2"></td><td>X =</td><td rowspan="2"></td><td>X =</td></tr>
<tr><td>Y =</td><td>Y =</td></tr>
<tr><td rowspan="2"></td><td>X =</td><td rowspan="2"></td><td>X =</td></tr>
<tr><td>Y =</td><td>Y =</td></tr>
<tr><td colspan="2">放样数据计算</td><td colspan="2">放样略图</td></tr>
<tr><td colspan="4">检核数据计算</td></tr>
</table>

表 11　　　　**地形图上量测成果**

1. 坐标量测

点名：　　　　坐标：$\begin{cases} X = \_\_\_\_\_\_\_\_ \text{ m} \\ Y = \_\_\_\_\_\_\_\_ \text{ m} \end{cases}$

2. 方位角量测

方向：　　　　方位角：$\alpha = \_\_\_\_°\_\_\_\_'\_\_\_\_''$

3. 距离量测

边长：　　　　距离：$S = \_\_\_\_\_\_\_\_$ m

4. 高程量测

点名：　　　　高程：$H = \_\_\_\_\_\_\_\_$ m

5. 坡度量测

方向：　　　　坡度：$i = \_\_\_\_\_\_\_\_$ %

6. 面积量测

区域：

边界点坐标：

点号	1	2	3	4	5	6	7	8
X(m)								
Y(m)								

面积：________m^2

表 12　　地形图上断面测量成果

1. 断面名称：

2. 测量数据：

测点	1	2	3	4	5	6	7	8	9	10
平距(m)										
高程(m)										
测点	11	12	13	14	15	16	17	18	19	20
平距(m)										
高程(m)										

3. 断面图：

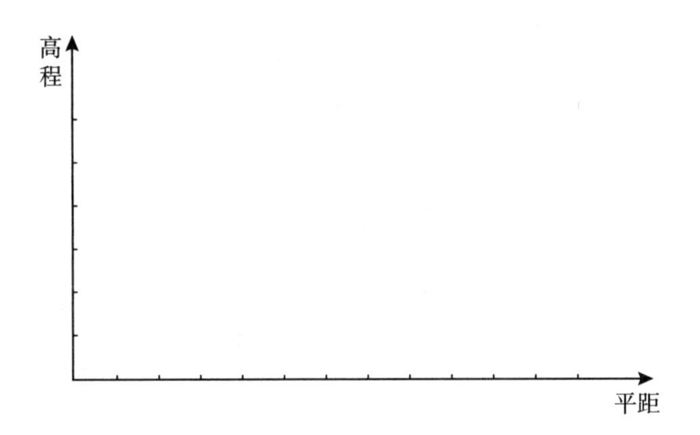

距离比例尺：

高程比例尺：

表 13　　**地形图上土方量估算成果**

1. 任务区域：

2. 场地高程测量：

测点	1	2	3	4	5	6	7	8	9	10
高程(m)										
测点	11	12	13	14	15	16	17	18	19	20
高程(m)										

3. 场地设计高程：__________ m。
4. 计算角点填挖数，标注在下图，单位：m^3。
5. 确定填挖分界线，标注在下图。

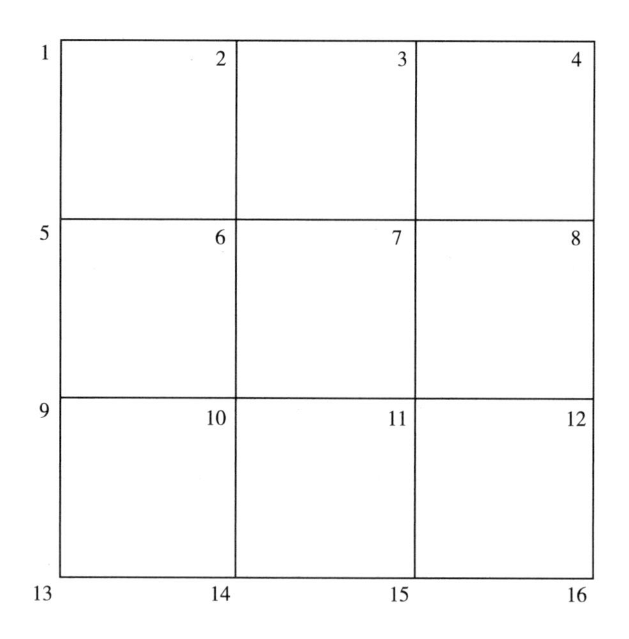

6. 土方量估算

$V_{填}$ = __________ m^3；$V_{挖}$ = __________ m^3

表 14 **界址边或界址点与邻近地物点关系距离检查记录表**

序号	检测边类别	反算边长(m)	检测边长(m)	边长较差 d(cm)	备注

点位中误差：

$$m = \sqrt{\frac{[dd]}{2n}} =$$ （n 为样本个数）

检查者：　　年　　月　　日

表 15　　　　　　**界址点(或地物点)点位精度检查记录表**

序号	点名	原测坐标		检测坐标		坐标较差		点位误差
		X(m)	Y(m)	X(m)	Y(m)	ΔX(cm)	ΔY(cm)	$M=\sqrt{\Delta X^2+\Delta Y^2}$

点位中误差：

$m=\sqrt{\frac{[MM]}{2n}}=$　　　　　(n 为样本个数)

检查者：　　　年　　月　　日

附录四 地籍调查表样表

编号：JC07004

地籍调查表

宗地代码：×××183108009JC07004

土地权利人：王吉祥

2016年10月10日

×××市国土资源局印制

<table>
<tr><td colspan="6">基 本 表</td></tr>
<tr><td rowspan="4">土地权利人</td><td rowspan="4" colspan="2">×××</td><td>单位性质</td><td colspan="2">个人</td></tr>
<tr><td>证件类型</td><td colspan="2">身份证</td></tr>
<tr><td>证件编号</td><td colspan="2">×××183198304124562</td></tr>
<tr><td>通讯地址</td><td colspan="2">×××哈拉海镇二道村二道屯邮编</td></tr>
<tr><td>土地权属性质</td><td colspan="2">宅基地使用权</td><td>使用权类型</td><td colspan="2">批准拨用宅基地</td></tr>
<tr><td>土地坐落</td><td colspan="5">×××哈拉海镇二道村二道屯</td></tr>
<tr><td rowspan="2">法定代表人或负责人姓名</td><td rowspan="2"></td><td>证件类型</td><td></td><td rowspan="2">电话</td><td rowspan="2"></td></tr>
<tr><td>证件编号</td><td></td></tr>
<tr><td rowspan="2">代理人姓名</td><td rowspan="2"></td><td>证件类型</td><td></td><td rowspan="2">电话</td><td rowspan="2"></td></tr>
<tr><td>证件编号</td><td></td></tr>
<tr><td>国民经济行业分类代码</td><td colspan="5"></td></tr>
<tr><td>预编宗地代码</td><td colspan="2">×××183108009JC07004</td><td>宗地代码</td><td colspan="2">×××183108009JC07004</td></tr>
<tr><td rowspan="2">所在图幅号</td><td>比例尺</td><td colspan="4">1∶500</td></tr>
<tr><td>图幅号</td><td colspan="4">39.25-58.75</td></tr>
<tr><td rowspan="4">宗地四至</td><td colspan="5">北：冷逸</td></tr>
<tr><td colspan="5">东：道路</td></tr>
<tr><td colspan="5">南：姜炳熙</td></tr>
<tr><td colspan="5">西：李强</td></tr>
<tr><td rowspan="2">批准用途</td><td colspan="2">农村宅基地</td><td rowspan="2">实际用途</td><td colspan="2">农村宅基地</td></tr>
<tr><td>地类编码</td><td>072</td><td>地类编码</td><td>072</td></tr>
<tr><td rowspan="2">批准面积（m^2）</td><td rowspan="2">土地证为主</td><td rowspan="2">330（m^2）</td><td rowspan="2">1000.04</td><td>建筑占地面积（m^2）</td><td>112</td></tr>
<tr><td>建筑面积（m^2）</td><td>112</td></tr>
<tr><td>使用期限</td><td colspan="5">年　月　日至　年　月　日</td></tr>
<tr><td>共有/共用权利人情况</td><td colspan="5"></td></tr>
<tr><td>说　明</td><td colspan="5">权源材料为集体土地使用证、私有房屋所有权证、身份证、户口本</td></tr>
</table>

界址标示表

界址点号	界标种类					界址间距（m）	界址线类别								界址线位置			说明
	钢钉	水泥柱	喷涂	石灰桩			道路	沟渠	围墙	围栏	田埂	墙壁			内	中	外	
J1			✓															
						25.79				✓						✓		
J2			✓															
						12.35				✓							✓	
J3			✓															
						8.35						✓					✓	
J4			✓															
						10.76			✓								✓	
J5			✓															
						25.79				✓							✓	
J6			✓															
						13.23						✓			✓			
J7			✓															
						18.37				✓						✓		
J1																		

界 址 签 章 表						
界址线			邻宗地		本宗地	日期
起点号	中间点号	终点号	相邻宗地权利人（宗地代码）	指界人姓名（签章）	指界人姓名（签章）	
J1		J2	冷逸/JC07003	冷逸	王吉祥	2016. 10. 10
J2	J3、J4	J5	道路	道路	王吉祥	2016. 10. 10
J5		J6	姜炳熙/JC07017	姜炳熙	王吉祥	2016. 10. 10
J6	J7	J1	李强/JC07005	李强	王吉祥	2016. 10. 10

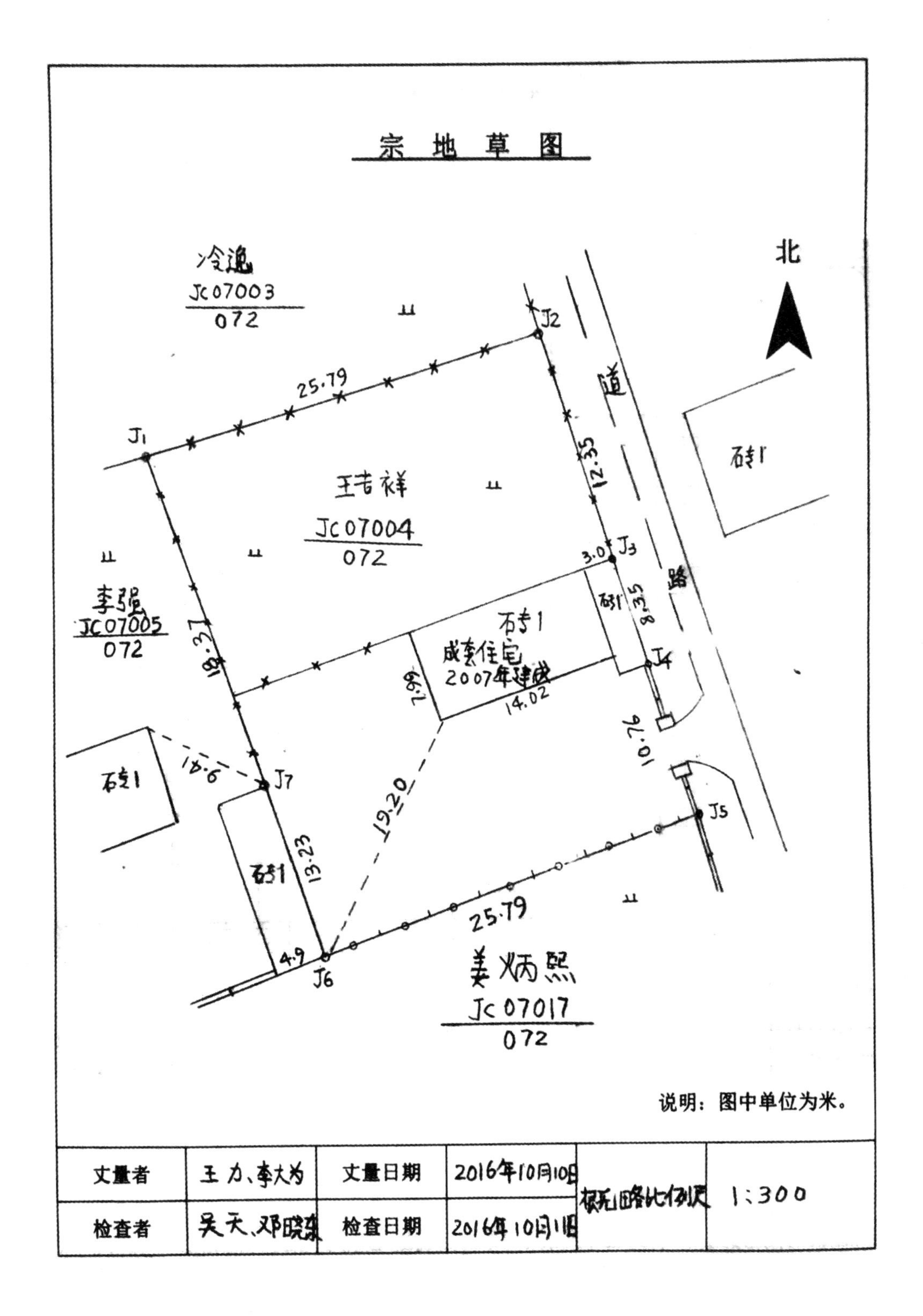
宗地草图
北
JC07003
072
王吉祥
JC07004
072
李强
JC07005
072
姜炳熙
JC07017
072
J1
J2
J3
J4
J5
J6
J7
25.79
12.35
3.0
8.35
19.37
10.76
14.6
13.23
19.20
4.9
7.98
14.02
砖1
成套住宅
2007年建成
道
路
说明：图中单位为米。
丈量者
王力、李大为
丈量日期
2016年10月10日
检查者
吴天、邓晓东
检查日期
2016年10月11日
1:300

界址说明表	
界址点位说明	
主要权属界线走向说明	

调查审核表	
权属调查记事	本宗地与邻宗地指界人均到现场指界，调查员共设置 7 个界址点，界址点设置合理，喷涂标准。实地用钢尺丈量界址边长和房屋边长，本宗地界址清楚，权属来源完整合法，与邻宗无任何争议。 调查员签名：王青海　　日期：2016 年 10 月 10 日
地籍测量记事	经现场检查，界址点设置齐全，保存完好，利用 NTS-362 全站仪，采用解析方法，并用钢尺量距进行检查。 测量员签名：王力、李大为　　日期：2016 年 10 月 12 日
地籍调查结果审核意见	审核人签名：　　审核日期：

<table>
<tr><td colspan="5">共有/共用宗地面积分摊表</td></tr>
<tr><td colspan="2">土地坐落</td><td colspan="3">区(县)　　　街道(乡、镇)</td></tr>
<tr><td colspan="2">权利人名称</td><td></td><td>宗地代码</td><td></td></tr>
<tr><td colspan="2">宗地面积
(m^2)</td><td colspan="3"></td></tr>
<tr><td rowspan="5">共有/共用面积情况</td><td>共有/共用
权利人名称</td><td>所有权/使用
权面积(m^2)</td><td>独有/独用
面积(m^2)</td><td>分摊面积(m^2)</td></tr>
<tr><td></td><td></td><td></td><td></td></tr>
<tr><td></td><td></td><td></td><td></td></tr>
<tr><td></td><td></td><td></td><td></td></tr>
<tr><td></td><td></td><td></td><td></td></tr>
</table>

参 考 文 献

1. 臧立娟，王凤艳．测量学[M]. 武汉：武汉大学出版社，2018.
2. 吴大江，刘宗波．测绘仪器使用与检测[M]. 郑州：黄河水利出版社，2013.
3. 中国有色金属工业协会．工程测量规范(GB 50026—2007)[S]. 中华人民共和国建设部，2008.
4. 国土资源部地籍管理司，中国土地勘测规划院. 地籍调查规程(TD/T 1001—2012)[S]. 中华人民共和国国土资源部发布，2012.
5. 国家测绘地理信息局测绘标准化研究所，等. 国家基本比例尺地图图式第1部分1：500 1：1 000 1：2 000 地形图图式(GB/T 20257.1)[S]. 中华人民共和国国家质量监督检验检疫总局，中国国家标准化管理委员会，2018.
6. 中国石油集团东方地球物理勘探有限责任公司测绘工程中心. 石油物探测量规范(SY/T5171—2003)[S]. 2003.03.18 发布，2003.08.01 实施.
7. 中华人民共和国国家标准．GB/T128982009 国家三四等水准测量规范[S]. 中华人民共和国国家质量监督检验检疫总局，2009.05.06 发布，2009.10.01 实施.